全国青少年软件编程等级考试

Hello World
编程日

爱上编程
Programming

中国电子学会全国青少年软件编程等级考试配套用书

青少年软件编程基础与实战

图形化编程
一级

凌秋虹 主编　李梦军 审校

人民邮电出版社
北京

图书在版编目（ＣＩＰ）数据

青少年软件编程基础与实战. 图形化编程一级 / 凌
秋虹主编. -- 北京 : 人民邮电出版社，2021.3
　（爱上编程）
　ISBN 978-7-115-55089-7

Ⅰ．①青… Ⅱ．①凌… Ⅲ．①程序设计－青少年读物
Ⅳ．①TP311.1-49

中国版本图书馆CIP数据核字(2021)第023435号

内 容 提 要

图形化编程指的是一种无须编写文本代码，只需要通过鼠标拖曳相应的图形化指令模块——积木，按照一定的逻辑关系完成拼接就能实现编程的形式。

本书作为全国青少年软件编程等级考试（图形化编程一级）配套学生用书，基于图形化编程环境，遵照考试标准和大纲，带着学生通过一个个生动有趣的游戏、动画范例，在边玩边学中掌握考核目标对应的知识和技能。标准组专家按照真题命题标准设计的所有范例和每课练习更是有助于学生顺利掌握考试大纲中要求的各种知识。

本书适合参加全国青少年软件编程等级考试（图形化编程一级）的中小学生使用，也可作为学校、校外机构开展编程教学的参考书。

◆ 主　　编　凌秋虹
　　责任编辑　周　明
　　审　　校　李梦军
　　责任印制　彭志环
◆ 人民邮电出版社出版发行　　北京市丰台区成寿寺路 11 号
　　邮编　100164　　电子邮件　315@ptpress.com.cn
　　网址　https://www.ptpress.com.cn
　　北京天宇星印刷厂印刷
◆ 开本：787×1092　1/16
　　印张：10.25　　　　　　　　　2021 年 3 月第 1 版
　　字数：178 千字　　　　　　　 2024 年 10 月北京第 13 次印刷

定价：79.00 元

读者服务热线：(010)53913866　印装质量热线：(010)81055316
反盗版热线：(010)81055315
广告经营许可证：京东市监广登字 20170147 号

编委会

名词对照表

请注意，Scratch 兼容版或其他书中可能会采用不同的名词表示相同的概念。

级别	本书中采用的名词	Scratch 兼容版或其他书中可能会采用的名词
一级	积木	模块、指令模块、代码块
一级	代码	脚本、程序、图形化程序（在本书中，我们用"代码"来称呼一组程序片段，用"程序"称呼整个项目的所有角色的完整代码）
一级	选项卡	标签
一级	分类	类别

前 言

  2017 年，国务院发布的《新一代人工智能发展规划》强调实施全民智能教育项目，在中小学阶段设置人工智能相关课程，逐步推广编程教育，鼓励社会力量参与寓教于乐的编程教学软件、游戏的开发和推广。

  2018 年，中国电子学会启动了面向青少年软件编程能力水平的社会化评价项目——全国青少年软件编程等级考试（以下简称为"编程等级考试"），它与全国青少年机器人技术等级考试、全国青少年三维创意设计等级考试、全国青少年电子信息等级考试一起构成了中国电子学会服务青少年科技创新素质教育的等级考试体系。

  2019 年，编程等级考试试点工作启动，当年报考累计超过了 3 万人次，占总等级考试报考人次的 21%。2020 年共计有 13 万人次报考编程等级考试，占中国电子学会等级考试报考总人次的 60%，报考人次已跃居中国电子学会等级考试体系第一位。

  面向青少年的编程等级考试包括图形化编程级（Scratch）和代码编程级（Python 和 C/C++）。图形化编程是一种无须编写文本代码，只需要通过鼠标拖曳相应的图形化积木，按照一定的逻辑关系完成拼接就能实现编程的形式。图形化编程是编程入门的主要手段，广泛用于基础编程知识教学及进行简单编程应用的场景，而 Scratch 是其中最具代表性的图形化编程工具。

  编程等级考试图形化编程（一至四级）指定用书《Scratch 编程入门与算法进阶（第 2 版）》已于 2020 年 5 月出版。为了进一步满足广大青少年考生对于编程等级考试的通过需求和众多编程等级考试合作单位的教学需要，我们组织编程等级考试标准组专家，编写了这套编程等级考试图形化编程（一至四级）配套用书。

  本套书基于 Scratch 3 编程环境，严格遵照考试标准和大纲编写，内容和示例紧扣考核目标及其对应的等级技能和知识。本套学生用书针对四级考试分为 4

册，每级1册。教师可根据学生的实际情况，灵活安排每一课的学习时间。为了提高学生的学习兴趣，每课设计了生动有趣的游戏、动画范例，带领学生"玩中学"。同时，为了提高考生的考试通过率，编程等级考试标准组专家按照真题命题标准精心设计了每课练习和所有范例。

本书为编程等级考试图形化编程一级配套学生用书，也可作为学校、校外培训机构的编程教学用书。参加本书编写的作者中，有来自高校的教授，有多年从事信息技术工作的教研员，还有编程教学经验丰富的一线教师，他们也全都是编程等级考试标准组专家。葛伟亮老师参与了本书的审稿工作。本书答疑交流 QQ 群为 809401646。由于编写时间仓促，书中难免存在疏漏与不足之处，希望广大师生提出意见与建议，以便我们进一步完善。

本书编委会

2021 年 1 月

目 录

第1课　初识图形化编程
——软件安装

嗨！小伙伴们，欢迎你们来到编程世界！在这里你将认识一位有趣的朋友，它是一只神奇的"小猫"，不仅会唱歌、跳舞、讲故事，还能进行数学计算、陪你一起玩游戏。它就是美国麻省理工学院（MIT）设计开发的图形化编程软件Scratch。目前该软件已更新到了3.X版本。这个软件使用起来很简单，即使你不认识英文单词或者不会使用键盘也可以轻松使用它。它通过可以组合的编程积木构成程序，你用鼠标拖曳积木就可以编程，快让我们用它开启编程之旅吧！

本节课将带你学习 Scratch 3 软件的基本操作，设定软件的语言环境，熟悉舞台区、角色区、舞台背景区、代码区、积木区的分布和作用，认识代码选项卡、造型（背景）选项卡、声音选项卡，并尝试打开软件和运行程序。

 1.1 课程学习

1.1.1 认识界面及设置语言

Scratch 3软件的界面简洁明了（见图1-1），使用起来也极其顺手。软件根据不同的功能对界面进行了区块划分，分成了以下几个部分：菜单栏、积木区、代码区、舞台区、角色区、舞台背景区。

图1-1　Scratch 3的软件界面

在开始学习各个功能前，先确认一下你的Scratch 3软件的显示语言是否为中文。Scratch 3软件非常"聪明"，它能根据计算机的语言环境自动调整软件的显示语言，因此，一般情况下无须调整。但是，如果你打开软件后显示的语言不是中文，也可以通过手动设置进行调整。操作方法为：单击菜单栏左边的按钮，在下拉列表中选择"简体中文"选项。

试一试　请将Scratch 3软件的显示语言"简体中文"更改为"English"，看看哪些地方的文字发生了变化。

1.1.2　认识功能区域

1. 菜单栏

Scratch 3软件界面的顶部是菜单栏，主要包括显示语言设置、"文件""编辑"和"教程"等功能。

2. 积木区

Scratch 3软件的"积木区"就像一个大宝箱，它为我们提供闯荡编程世界所需要的 9 大分类的各种 "道具"，有能让小猫动起来的 "运动" 分类，有能改变小猫外形的 "外观" 分类，还有 "声音" "事件" "控制" "侦测" "运算" "变量" "自制积木" 等分类。单击 "添加扩展" 按钮还可以添加扩展分类。

Scratch 3 提供了 100 多个积木供我们使用。不同分类的积木以不同的颜色显示，非常便于识别和区分。这些积木可以实现运动、控制、运算、显示外观、发出声音、进行侦测、绘图、操作数据等功能。代码（也就是我们所编写的图形化程序）的功能就是按照一定逻辑关系把各种分类的积木组合起来实现的。

3. 代码区

代码区是编写代码（图形化程序）的地方，我们只需要从积木区选择积木，拖曳至代码区进行组合，就可以对角色的造型、舞台背景以及声音等进行设置。

在代码区的右上角，显示的是当前角色的缩略图（见图 1-2），它可以让我们明确当前是在为哪个角色搭建代码。代码区的右下角有 3 个竖排按钮，它们分别对代码进行放大、缩小，居中和对齐操作。

图1-2　代码区

在代码区的任意空白区域单击鼠标右键，界面会弹出一个菜单，我们可以通过选择菜单中的选项对积木进行 "撤销" "重做" "整理积木" "添加注释" "删除" 等操作，在积木上单击鼠标右键，我们可以通过选择菜单中的选项对积木进行 "复制" "添加注释" "删除" 等操作。

4. 舞台区

舞台区是角色们 "表演" 的地方。我们通过搭建的代码让它们在舞台上表演

精彩的"节目"。舞台区左上角的 ▶（绿旗）和 ●（停止）按钮可以控制代码开始和结束，右上角的 按钮可以调整舞台区域的大小，如图1-3所示。

图1-3　舞台区

5. 角色区

在角色区，我们可单击 按钮添加和删除角色，Scratch 3 提供了 4 种添加角色的方法。我们在这里还可对选中的角色进行各种操作，当角色被选中时，我们可以在角色区上方看到当前角色的属性并进行设置，属性包括角色的名称、在舞台中的位置（x 坐标和 y 坐标）、显示或者隐藏的状态、大小和面向的方向，如图 1-4 所示。

图1-4　角色区

6. 舞台背景区

舞台背景区用于为舞台添加背景图片。单击  按钮，Scratch 3 提供了 4 种添加背景图片的方法。当我们添加了舞台背景图片时，舞台区背景就会由空白的变成我们所添加的背景图片，同时其缩略图也随之改变。单击舞台缩略图（见图 1-5），就可对它进行设置。

图1-5　舞台背景区

1.1.3　认识选项卡

角色和舞台都可以拥有自己的代码、造型（背景）和声音选项卡，如图 1-6 所示。我们可以对角色（舞台）的任意一项或多项进行设置。单击相应的选项卡可以进行各功能的切换。

图1-6　选项卡

1. "代码"选项卡

当打开 Scratch 3 软件后，选项卡默认选为"代码"，这一区域正下方为积木区，右侧为代码区，如图 1-7 所示。

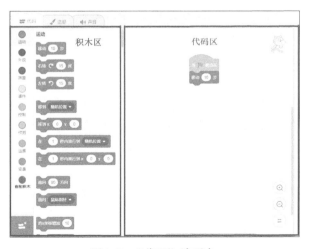

图1-7　"代码"选项卡

2. "造型"（"背景"）选项卡

当我们选中角色或舞台时，界面中第二个选项卡名称是不一样的。当角色被选中时，该选项卡显示为"造型"；当舞台被选中时，该选项卡显示为"背景"，功能是相同的，都用来对显示的图像进行编程。选中"造型"选项卡或者"背景"选项卡可以对相应的角色造型或舞台背景进行编辑。如图1-8所示，界面左侧为造型（背景）列表区，右侧为"绘图编辑器"。在绘图编辑器中，我们可对造型或背景进行各种编辑，具体的使用方法将在后面的章节中进行详细介绍。

图1-8 "造型"选项卡

3. "声音"选项卡

在"声音"选项卡中，我们可以为角色或舞台添加声音或编辑声音，如图1-9所示，界面左侧为"声音列表区"，呈现已添加的声音列表；右侧为"声音编辑器"，具体的使用方法将在后面的章节中进行详细介绍。

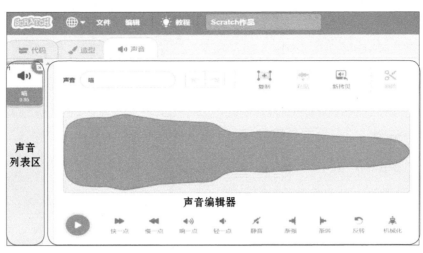

图1-9 "声音"选项卡

试一试 打开 Scratch 3 软件，从"运动"分类中拖曳 移动 10 步 积木至代码区，单击该积木，观察一下角色"小猫"的坐标，在舞台中的位置在单击前后有何变化？

 1.2 课程回顾

课程目标	掌握情况
1. 初步认识和理解编程环境界面中功能区的分布与作用	☆ ☆ ☆ ☆ ☆
2. 初步认识和了解选项卡的各个功能与操作方法	☆ ☆ ☆ ☆ ☆
3. 认识和了解积木的具体分类	☆ ☆ ☆ ☆ ☆

 1.3 练习巩固

1. 单选题

（1）在 Scratch 3 中，（　　）功能区可以展示编程效果。

　　A. 代码　　B. 积木　　C. 舞台　　D. 角色

（2）下面选项中，（　　）功能区可以添加或者删除角色。

　　A. 代码　　　B. 积木　　　C. 舞台　　　D. 角色

（3）利用 Scratch 3 可以创作（　　）等作品。

　　A. 动画　　　B. 游戏　　　C. 故事　　　D. 以上都是

2. 判断题

（1）在舞台区单击 按钮，舞台区将充满整个屏幕。（　　）

（2）编写如下代码并单击 ▶ 运行，小猫向舞台正前方走了10步。（　　）

（3）打开 Scratch 3 软件，如果显示的语言是英文，则每次都需要人工将其调整为简体中文。（　　）

第 2 课　和小猫互动 ——搭建积木

猫是人类的朋友，我们和它一起玩耍会感到快乐。Scratch 3 也有一只小猫（见图 2-1），我们和它互动也非常有趣哦。扫描本页下方二维码可预览范例作品效果哦！

在本课中，我们将利用组合积木、执行代码等操作实现与小猫互动。在这个过程中，我们需要学习积木的基本操作，如积木的选择、拖曳和组合等。

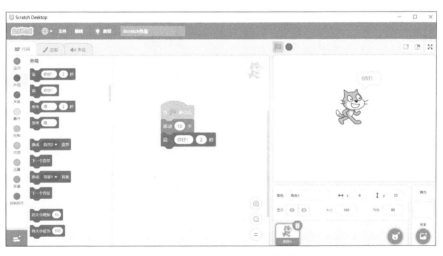

图2-1　"和小猫互动"范例作品

 ## 2.1 课程学习

2.1.1 搭建积木

作品预览

在 Scratch 3 的应用中，积木的搭建是十分重要的环节。在这个环节中，我

们将积木用鼠标拖曳到代码区，然后按一定的逻辑关系对它们进行组合。这些组合在一起的积木叫作代码，可对舞台区中的角色进行控制，从而实现相应的功能。

1. 选择积木

每个积木分别存放在相应的分类中，在"代码"选项卡中，提供了"运动""外观""声音"等9大分类、100多个积木供我们使用。选择积木的方法有两种。

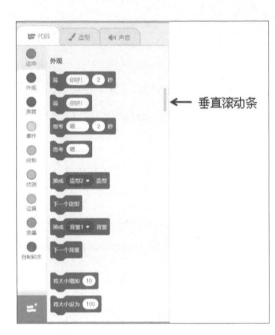

方法1	用鼠标单击相应分类，如"外观""声音""事件"等，在积木区寻找相对应的积木。
方法2	用鼠标指针拖动积木区右侧的垂直滚动条或滚动鼠标滚轮寻找对应的积木，如图2-2所示。

图2-2　代码区的垂直滚动条

2. 拖曳积木

要让各积木实现各自不同的功能，我们需将它们从积木区拖曳至代码区。具体操作方法如下。可将鼠标指针移至积木上，鼠标指针变为手掌形状，如图2-3所示。按住鼠标左键不放，将积木拖曳至代码区，松开鼠标左键，该积木就被放置在代码区。单击该积木就能在舞台区上看到运行结果。

图2-3　将鼠标指针移至积木上

3. 组合积木

用 Scratch 编程的过程就是将多个积木按一定的逻辑关系进行组合来实现某种功能，积木与积木之间通过"凹口"和"凸口"进行拼接，或以嵌入的方式进行组合。如图 2-4 所示，将 移动 10 步 积木拖曳到 当 ▶ 被点击 积木的下方，当出现灰色阴影后松开鼠标左键，积木就组合完成了。

图2-4　组合积木

使用以上操作方法可将多个积木组合，形成代码，单击可在舞台区看到运行结果。

练一练　请分别找到 播放声音 喵▾ 、 说 你好! 积木，并将它们拖曳到代码区进行组合，单击代码，观察代码的运行效果。

2.1.2　积木的各种操作

1. 拆除积木

我们在组合代码时，有时需要对已组合的积木块进行拆除，具体操作方法如下。我们需要选中需拆除积木往下拖，当灰色阴影消失时松开鼠标左键，该积木就从代码中分离。如图 2-5 所示，只要选中 说 你好! 2 秒 积木往下拖，可实现对该积木的拆除。

图2-5　拆除积木

2. 删除积木

对于不需要的积木，我们可以将其拖曳出代码区。当然，我们也可将鼠标指针移至所需删除的积木上再单击鼠标右键，选择"删除"选项进行删除。如图2-6所示，要删除 积木，可将鼠标指针移到该积木上单击鼠标右键，在弹出的下拉列表中选择"删除"选项。

图2-6　删除积木

试一试　如果将已组合好的代码中的积木的顺序弄错了，你能重新调整一下吗？

2.1.3　和小猫互动

代码是两个或者两个以上积木按照一定的逻辑关系组合在一起形成的，代码通常的执行顺序是从上往下直至结束。如图2-7所示，当单击 按钮时，小猫先走10步，然后说"你好！"2秒。

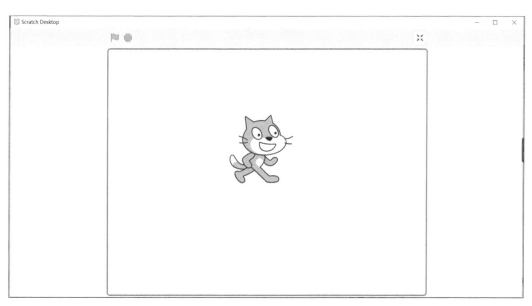

图2-7 "和小猫互动"代码

搭建图 2-7 所示的代码的操作方法如下。首先，我们需要拖曳"事件"分类中的 █ 积木至代码区。然后，将"运动"分类中 █ 积木拖曳至代码区与 █ 组合。最后，拖曳"外观"分类中的 █ 积木与上一组代码组合，即可完成"和小猫互动"代码的搭建。

为了有更好的显示效果，我们可单击舞台区右上角的 ⚏ 按钮，将舞台区进行全屏显示。同样可在全屏的舞台区单击 ⚏ 按钮，将舞台区还原为原来的大小，如图 2-8 所示。

图2-8 舞台区以全屏模式显示

试一试　代码搭建完成后，将 █ 积木删除，单击 ▶ 按钮执行代码，我们还能在舞台区看到运动结果吗？

2.1.4 文件操作

程序由一组或者多组代码组成，从而实现某种结果。在我们启动 Scratch 3 软件后，系统会默认新建一个空白文件，当完成程序编写后，我们需要对它进行保存，以便下次进行修改或运行。

1. 新建作品

若要新建一个空白文件，我们可在菜单栏中单击"文件"选项，选择下拉列表中"新作品"选项，即可完成文件的新建，如图 2-9 所示。

图2-9　新建文件

2. 保存作品

保存作品是一件很重要的事情。它可以让你辛苦编写的程序不会因为断电或者误操作而功亏一篑。其操作方法如下。单击"文件"选项，在下拉列表中单击"保存到电脑"选项，在"另存为"对话框中选择路径进行保存。在保存时，文件名可以进行修改，保存后的文件的扩展名是".sb3"，如图 2-10 所示。

图2-10　"另存为"对话框

3. 打开作品

对已保存的作品可通过文件菜单进行打开,其操作方法如下。单击菜单栏中"文件"选项,在下拉列表中单击"从电脑中上传"选项,出现"打开"对话框,如图 2-11 所示。

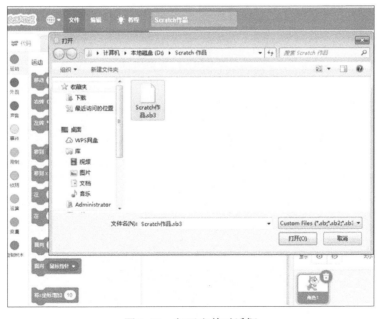

图2-11　打开文件对话框

找到需要打开的 Scratch 文件并选中，单击"打开"按钮即可打开作品文件。

 练一练 按照本课范例，编写"与小猫互动"程序，并尝试将其以"和小猫互动"为文件名保存到计算机桌面。

2.2 课程回顾

课程目标	掌握情况
1. 掌握积木的选择、组合、拆除、删除等操作	☆ ☆ ☆ ☆ ☆
2. 认识、理解积木与代码的区别	☆ ☆ ☆ ☆ ☆
3. 学会运行和停止运行程序的操作方法	☆ ☆ ☆ ☆ ☆
4. 掌握作品的保存与打开的操作方法	☆ ☆ ☆ ☆ ☆
5. 掌握将舞台区切换为以全屏模式显示的方法	☆ ☆ ☆ ☆ ☆

2.3 练习巩固

1. 单选题

（1）在 Scratch 3 中，角色可以有（ ）代码。

A. 2 组　　B. 3 组　　C. 多组　　D. 1 组

（2）单击（ ）按钮可以运行代码。

A. 🚩　　B. ⬣　　C. ● 外观　　D. ● 声音

（3）单击（ ）图标可以将舞台区放大。

A. ⊖　　B. ⊕　　C. ✕　　D. ✕

2. 判断题

（1）代码中的第二块积木可以是 [当⬛被点击] 积木。（ ）

（2）在 Scratch 3 中，保存作品时不可以给作品文件重新命名。（ ）

（3）当在计算机中找到已保存的 Scratch 3 作品文件时，双击鼠标左键无法打开该文件。（　　）

3．编程题

给小猫角色编写代码，让它说 "见到大家我很高兴"，并将作品以 "开心" 为文件名保存到计算机桌面。

第3课 小猫辨真假
——添加角色

今天，Scratch 3 的舞台区又来了一只小猫，但真小猫只有一只，我们如何来分辨呢？真小猫会抓老鼠、爱吃鱼，而假小猫只会睡觉。让真小猫说出自己的本领与爱好，就可以让假小猫无所遁形，如图 3-1 所示。

我们新建一个小猫角色，使用"说话"功能让该角色说出小猫的本领与爱好，使其有别于 Scratch 3 默认自动生成的小猫"角色1"，最后删除假小猫"角色1"。

图3-1 "小猫辨真假"范例作品

作品预览

 3.1 课程学习

3.1.1 相关知识与概念

1. 添加角色

Scratch 3 中的角色就像电影或电视剧中的演员一样，演员需要根据剧本进行表演，而角色则是根据我们编写的代码做出动作、发出声音或者完成一系列任务。在 Scratch 3 中，角色可以是动物、汽车、水果甚至是一个字母，我们可以根据需要添加任意多个角色，让它参与我们的程序。

在 Scratch 3 中，单击角色区的 ⊕ 按钮，我们可以看到添加角色的 4 种方法，如表 3-1 所示。

表 3-1　添加角色的 4 种方法

方法	选项	名称	功能
1	🔍	选择一个角色	单击此按钮，从角色库中添加角色
2	🖌	绘制	单击此按钮，打开内置"绘图编辑器"绘制角色
3	✳	随机	单击此按钮，将从角色库中添加随机角色
4	⬆	上传角色	单击此按钮，从本地电脑计算机中添加角色

从角色库中添加角色的具体操作方法如下。单击角色区的 ⊕ 按钮，在上拉列表中单击 🔍 选项，如图 3-2 所示。

图3-2　从"选择一个角色"中添加角色

在"选择一个角色"对话框中，找到所需图片并单击，即可完成角色的添加，如图 3-3 所示。

图3-3　"选择一个角色"对话框

2. 删除角色

我们可根据需要删除舞台中的角色，具体操作方法如下。在角色区选中需要删除的角色，单击右上角的 按钮，如图 3-4 所示，此时该角色被成功删除，并在舞台区中消失。

图3-4　删除角色

3. ▶ / ● 程序控制

编写完程序后，单击 ▶ 按钮运行程序，在舞台区观看或测试运行结果。与之对应的是 ● 按钮，单击此按钮可停止运行当前的程序。每次单击 ▶ 按钮，代码都会重新开始运行，不能从上次停止处继续运行。

4. 重命名角色

添加角色后，其名字默认为在角色库中的名称。为了操控方便，我们可为角色重新命名。具体操作方法如下。选中角色，单击角色区"角色"参数文本框，如图3-5所示，在出现闪动光标后可修改名字。

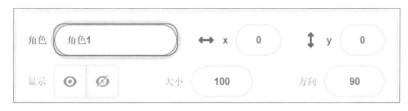

图3-5　"角色"参数文本框

5. 参数

Scratch 3中的很多积木都需要输入数据，这类数据叫作"参数"，它们能告诉我们积木的更多细节。例如 积木中的"你好！"就是一个参数，它用于设置当前角色用单气泡图方式显示的文本。这个积木的参数框是椭圆形的，这类形状的参数叫作"数据参数"，我们在数据参数框中可以输入数字、字符、字符串。

6. 认识新积木

积木属于"外观"分类，设置当前角色用单气泡图方式显示文本，文本等待指定时间后再消失。此积木有2个参数，第一个参数为要显示的文本，第二个参数为等待的时间。

积木属于"外观"分类，设置当前角色用单气泡图方式显示文本。此积木有一个参数，用于指定显示的文本。

积木属于"外观"分类，设置当前角色用多气泡图方式显示文本。此积木有一个参数，用于指定显示的文本。

积木属于"控制"分类，设置当前角色暂停执行代码，等待指定时间以后再继续执行。此积木有一个参数，用于指定等待的时间。

3.1.2 新增角色——"小猫"

打开 Scratch 3 软件，在角色区会自动生成 "角色1" 小猫。在本课范例作品需要两只小猫，这就需要再添加另一只名为"小猫"的角色，具体可以按以下步骤操作。

1. 添加小猫角色

单击角色区的 按钮或将鼠标指针移动到此按钮上，在上拉列表中单击 选项，如图3-6所示。

图3-6　选择"选择一个角色"选项

出现"选择一个角色"对话框，找到"Cat 2"图片并单击，如图3-7所示，"Cat 2"角色新增完成。

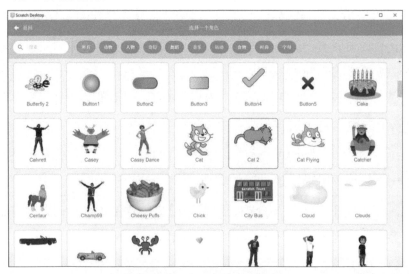

图3-7　"选择一个角色"对话框

2. 将角色重命名为"小猫"

确保"Cat 2"角色为选中状态，单击"角色"参数文本框 ，出现闪动光标后，在参数文本框中输入"小猫"，即可完成角色重命名操作，如图 3-8 所示。

图3-8　重命名角色

3. 调整角色的位置

根据情节需求，添加角色后需调整它们在舞台中的位置，如本课范例作品中，小猫在舞台中间偏右位置，而"角色 1"在中间偏左位置，具体操作方法如下。在舞台区选中"小猫"角色，按住鼠标左键不放，拖动角色至"舞台区"中间偏右位置后松开左键，即可完成对小猫位置的调整。用同样的方法调整"角色 1"的位置，调整后它们的位置如图 3-9 所示。

图3-9　调整后角色的位置

想一想　如何在"选择一个角色"对话框中快速找到自己所需的角色？请将你的方法和同学交流。

3.1.3 编写代码

1. 选中"小猫"

单击角色区的"小猫"角色，以确保搭建的代码属于并作用于该角色，如图 3-10 所示。

图3-10　选中"小猫"角色

2. 让小猫"说"本领

在 Scratch 3 的"外观"分类中有两个与"说"有关的积木，它们分别是 说 你好！ 2 秒 和 说 你好！ 。在本课范例作品中，小猫说了本领和爱好，分别是"我的本领是抓老鼠"和"我非常爱吃鱼"，就是使用这两个积木来实现的。

首先，单击"代码"选项卡，拖曳"外观"分类中的 说 你好！ 2 秒 积木到代码区，修改其参数，将原来的"你好！"修改为"我的本领是抓老鼠"。为了让文字的显示时间延长，可修改时间参数为"3"秒，积木为 说 我的本领是抓老鼠。 3 秒 。单击该积木，在舞台区可观看小猫的说话内容，如图 3-11 所示。

图3-11　小猫说话

然后，拖曳"事件"分类中的 当 被点击 积木块至代码区，并与 说 我的本领是抓老鼠。 3 秒 积木组合，这样，单击 ▶ 按钮后可让小猫说"我的本领是抓老鼠"。组合后的代码如图 3-12 所示。

图3-12　小猫说话代码a

最后，将  积木组合在图 3-12 所示代码后面，并修改参数内容为"我非常爱吃鱼"，代码如图 3-13 所示。

图3-13　小猫说话代码b

单击 ▶ 按钮，在舞台区观看代码运行结果。

3．小猫思考

小猫说出了自己的本领爱好后，发现另一只小猫没有任何反应，小猫心想它可能是只玩具小猫，那就把它删掉吧！我们可使用 思考积木实现。

拖曳"外观"分类中的 积木至代码区，修改思考参数为"快把假小猫删除"，并组合在上一组代码后面，小猫的最终代码如图 3-14 所示。

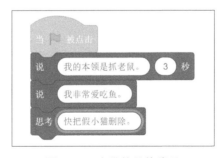

图3-14　小猫的最终代码

想一想　思考 说 你好! 与 思考 嗯 积木的区别是什么？运行结果有何差异？

3.1.4 调试程序

调试程序是对编写好的程序进行测试，是一个修正错误的过程，是编写程序必不可少的步骤。在运行图 3-14 所示的代码时，我们会发现，小猫说的第二句话"我非常爱吃鱼"没有显示，分析其原因，是该积木后没有添加"等待"积木。为了让小猫有时间说这句话，我们需拖曳"事件"分类中的 等待 1 秒 积木组合在 说 我非常爱吃鱼。 后面并修改时间参数为 2 秒。此时，我们再次运行程序可以发现运行结果达到预期。

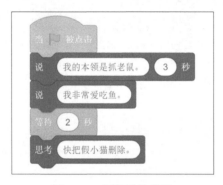

图3-15 调整后的代码

试一试 你有其他办法修改图 3-14 所示代码，让其运行结果与图 3-15 所示代码一样吗？

3.1.5 删除"角色1"

单击 ▶ 按钮运行程序，根据两只小猫的表现，一眼就能分别出真假小猫，看来默认自动生成的"角色1"小猫什么都不会，应该是只假小猫，我们需将它删除，具体操作方法如下。

在角色区选中"角色1"，确保它为选中状态，单击右上角的 🗑 按钮，如图 3-16 所示，此时"角色1"被成功删除了并在舞台区中消失。

图3-16 删除"角色1"

想一想 如果我们误删了角色，那么已编写好的代码还在吗？

 3.2 课程回顾

课程目标	掌握情况
1. 掌握从角色库中添加角色的操作方法，并学会重命名角色的操作方法	☆ ☆ ☆ ☆ ☆
2. 理解参数的概念，能够调整积木中的参数	☆ ☆ ☆ ☆ ☆
3. 掌握"说""说2秒""等待""思考"积木的使用方法	☆ ☆ ☆ ☆ ☆
4. 了解"说"与"思考"积木的差异	☆ ☆ ☆ ☆ ☆
5. 理解并掌握删除角色的操作方法	☆ ☆ ☆ ☆ ☆

3.3 练习巩固

1. 单选题

（1）Scratch 3 中，可以使用（　　）分类中的积木让角色"说话"。

A. 运动　　B. 外观　　C. 事件　　D. 运算

（2）当前选定的是（　　）角色。

A. 1号　　B. 2号　　C. 3号　　D. 4号

（3）从角色库中添加角色，可以单击（　　）按钮。

A. 　　　B. ◎　　　C. ◎　　　D. ▣

（4）观察数列找规律：1、1、2、4、7、（　　），括号里的数是（　　）。

A. 7　　　　B. 11　　　C. 9　　　D. 6

2．判断题

（1）在 Scratch 3 中只能导入一个角色。（　　）

（2）删除这个角色，也就是同时删除了该角色的所有代码。（　　）

（3）运行 说 大家好！ 2 秒 说 今天天气真好。 2 秒 代码，"大家好！"与"今天天气真好。"这两句话同时出现 2 秒。（　　）

3．编程题

编写小狗吟诵古诗《静夜思》的程序，并将其保存为名为"小狗吟诵古诗"的文件。

（1）准备工作

删除舞台上默认的小猫角色，在角色库中添加小狗角色，并将其命名为"小狗"。

（2）功能实现

程序开始运行后，小狗先说出古诗题目，然后每隔 4 秒自动说出一句诗，同时上一句诗自动消失，最后画面停留在第四句诗"低头思故乡"上，该句不再消失。

第4课　遇见好朋友
——移动角色

　　小猫和小狗是好朋友，但它们好久没见面了。一天，小狗看到小猫正在前面散步，大声呼唤小猫，可小猫一点儿也没听见，继续往前走。当小猫碰到墙壁后掉头返回时，恰好看到了小狗，于是小猫赶忙跑到小狗身边，两个好朋友终于久别重逢，如图 4-1 所示。

　　要让小猫散步，我们需要学会移动积木，当然还要学会"碰到边缘就反弹"的本领。掌握流程图的制作方法可让我们在完成本动画制作时事半功倍，让我们一起来帮助小猫顺利地遇见好朋友。

图4-1　"遇见好朋友"范例作品　　　　　　　　　　作品预览

 4.1 课程学习

4.1.1 相关知识与概念

1. 调整角色方向

在角色区单击"方向"参数框，出现"角度设置"面板，用鼠标拖动面板上

的指针进行旋转，可以调整角色的方向。

Scratch 3中，角色的方向还可以用角度值表示：角度值为90度表示角色向右，角度值为180度表示角色向下，角度值为270度表示角色向左，角度值为0度或360度表示角色向上，如图4-2所示。

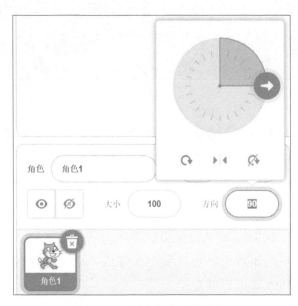

图4-2　调整角色方向参数框

2. 认识程序流程图

使用图形表示算法思路是一种极好的方法，千言万语不如一张图。我们现在要认识的流程图，就是一种使用图形表示算法思路的方式。它形象直观、便于理解，让我们更容易发现程序思维的漏洞与错误，并可以对照图形编写程序。程序流程图由执行处理框、判断框、起止框、流程线等结合相应的算法构成。

我们先简单认识一下流程图：圆角矩形框表示"开始"与"结束"，矩形框表示执行与处理环节，平行四边形表示输入与输出，箭头代表工作方向，如图4-3所示。

图4-3　流程图功能框

程序结构共有顺序、选择、循环3种。顺序结构是简单的线性结构，各步骤按顺序执行，完成第一件事后，做第二件事，以此类推，直到所有的事情做完。

3．认识新积木

移动 10 步 积木属于"运动"分类，设置当前角色向指定方向移动指定步数。此积木有一个参数，用于指定移动步数。Scratch 3角色在舞台上的 "1"步，相当于舞台中的1个像素。

碰到边缘就反弹 积木属于"运动"分类，设置当前角色碰到舞台边缘就反弹。所谓的"反弹"就是向相反方向运动，反弹以后角色会旋转，默认旋转方式是"任意旋转"。

将旋转方式设为 左右翻转 ▾ 积木属于"运动"分类，设置当前角色的旋转方式。此积木有一个下拉列表参数，用于指定旋转方式。旋转方式包含3个选项：左右翻转、不可旋转和任意旋转。其中"不可旋转"就是保持原样不旋转，"左右翻转"和"任意旋转"的旋转样式，如图4-4所示。

原始方向/不可旋转　　　　左右翻转　　　　任意翻转

图4-4　角色旋转样式

4.1.2 准备工作

添加角色

本课范例作品需要用到小猫与小狗角色。Scratch 3软件默认生成小猫角色，因此我们只需添加小狗角色。具体操作方法如下。首先，单击角色区的 按钮，在上拉列表中单击 选项，从"选择一个角色"对话框中选择"Dog2"图片。然后分别对角色进行重命名操作，将"Dog2"重命名为"小狗"，将"角色1"重命名为"小猫"。最后，在舞台区用鼠标分别将它们移动到合适位置，如图4-5所示。

图4-5　调整角色位置

4.1.3　用程序流程图分析代码

本课范例作品"遇见好朋友"的结构是典型的顺序结构，根据动画情境绘制小狗与小猫的程序流程图，如图 4-6 所示，单击 ▶ 按钮，两段代码同时从上往下执行。

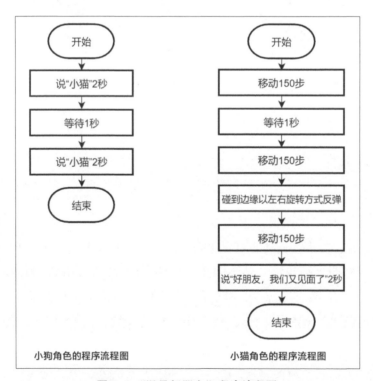

图4-6　"遇见好朋友"程序流程图

4.1.4 编写代码——小狗喊小猫

根据小狗角色的程序流程图，小狗见到久别的小猫，连续说了两次"小猫"，其代码具体可以按以下步骤编写。

首先，我们选中"小狗"角色，将 积木拖曳至代码区。然后将两个 说 你好! 2 秒 积木拖曳至代码区组合在 积木后，并修改参数内容为"小猫"，从而实现小狗连续说两次"小猫"的效果。

我们在运行代码时发现，小狗两次说"小猫"中间没有间隔，因此我们需将 等待 1 秒 积木插到2块 说 小猫 2 秒 积木中间，来实现小狗说"小猫"后停顿1秒，再说第2次"小猫"的效果，"小狗"角色的代码如图4-7所示。

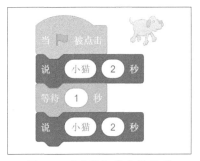

图4-7 "小狗"角色的代码

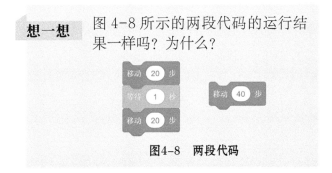

想一想 图4-8所示的两段代码的运行结果一样吗？为什么？

图4-8 两段代码

4.1.5 编写代码——小猫散步

根据小猫角色的程序流程图，我们可以清晰地了解小猫的动作。一开始，小猫在散步，走到路的尽头只能往回走，正好看到小狗，就赶忙跑过去，并说"好朋友，我们又见面了"。要完成这一系列任务，具体的操作步骤如下。

1．小猫散步

使用 移动 10 步 积木实现小猫散步，其中参数"10"代表移动的步数。

首先，单击小猫角色，确保它为选中状态，将 积木拖曳至代码区；然后，拖曳"运动"分类中的 移动 10 步 积木到代码区，修改其移动参数为"150"后与 积木进行组合。为了让小猫散步表现得更为真实，选择 等待 1 秒 积木和

青少年软件编程基础与实战（图形化编程一级）

移动 10 步 积木组合在上一组积木块之后，修改移动参数为"150"步，小猫散步的代码如图4-9所示。

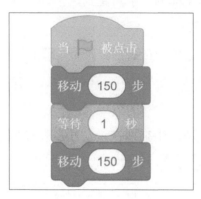

图4-9　小猫散步的代码

单击 🏳 按钮运行程序，我们会发现小猫不一会儿就走到舞台区右侧，并且大半个身子"躲"进舞台区边缘，如图 4-10 所示。

图4-10　小猫移动到舞台边缘

2. 小猫转身

小猫碰到舞台边缘后不能再往前走了，聪明的小猫使用了 碰到边缘就反弹 积木实现转身效果，具体操作步骤如下。

拖曳"运动"分类中的 碰到边缘就反弹 积木到代码区，并组合在上一组代码之后，实现小猫角色碰到舞台边缘就转身的效果。因为该积木默认的旋转方式是"任意旋转"，所以小猫碰到边缘后会倒着走。为实现本课范例中的转身方式，我们需

要拖曳"运动"分类中的 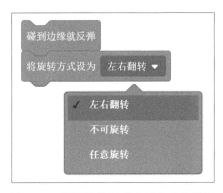 积木拖到代码区并将该积木组合在上一组代码之后,如图 4-11 所示。

图4-11 设置旋转方式为"左右翻转"

3．小猫与小狗相遇

为实现小猫往回走,正好看到小狗,并说"好朋友,我们又见面了"。我们需将 移动 10 步 与 说 你好! 2 秒 积木组合在上一组代码之后,分别将它们的参数修改为"150"与"好朋友,我们又见面了",小猫角色的最终代码如图 4-12 所示。

图4-12 小猫角色的最终代码

试一试 将"移动 100 步""移动 50 步""移动 −20 步"3 个积木组合后,小猫一共向前走了多少步?

4.1.6 调试程序

多次运行程序后我们发现，小猫的位置和方向与初始状态不同，此时我们需要对"小猫"初始化状态进行调整，具体操作步骤如下。

1. 设定小猫的初始位置

通过修改角色区中小猫在舞台中 x 坐标为"0"，让它回到舞台水平中心，如图 4-13 所示。

2. 设定小猫的初始方向

单击角色区的 方向 参数框，在弹出的 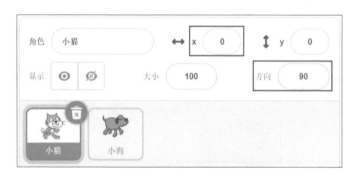 面板中，拖动 使其指向右侧，恢复小猫角色初始方向为向右，如图 4-13 所示。

图4-13　设定小猫的初始位置和初始方向

3. 反弹后小猫往回走

为了表示小猫见到小狗后赶忙跑过去，我们可增加小猫的移动步数。当完成此设置时，我们修改移动参数为"200"步，调试修改后的小猫角色代码，如图 4-14 所示。

图4-14 修改后的小猫代码

试一试 你还有其他办法调整角色转身的方向吗？

 4.2 课程回顾

课程目标	掌握情况
1. 理解并掌握"移动"积木的作用和使用方法	☆ ☆ ☆ ☆ ☆
2. 认识与掌握"碰到边缘就反弹"积木的作用和使用方法	☆ ☆ ☆ ☆ ☆
3. 认识程序流程图，初步理解顺序结构的意义，能够完成一个顺序结构的程序	☆ ☆ ☆ ☆ ☆
4. 掌握多角色编程操作，会对多个角色编写代码	☆ ☆ ☆ ☆ ☆
5. 理解角色的3种"旋转方式"，并能根据需要选择合适的"旋转方式"	☆ ☆ ☆ ☆ ☆

 4.3 练习巩固

1. 单选题

（1）在 Scratch 3 中，"角色1"说话3秒，"角色2"听完"角色1"说话，停顿3秒后说2秒，"角色2"在代码中需要等待（　　）秒。

A. 3 　　　　　 B. 1 　　　　　 C. 5 　　　　　 D. 6

（2）程序流程图中用于表示程序开始和结束的程序框是（　　）。

A. ⬭ 　　　 B. ▭ 　　　 C. ▱ 　　　 D. ⟶

（3）以下4段代码中，可以使没有碰到边缘的角色，碰到边缘就反弹的代码是（　　）。

A. ［碰到边缘就反弹／移动 600 步］　　　 B. ［移动 600 步／碰到边缘就反弹］　　　 C. ［移动 600 步］　　　 D. ［碰到边缘就反弹］

2. 判断题

（1）在顺序结构中，所有代码都是同时开始执行的。（　　）

（2）移动 10 步 积木的参数不可以是负数。（　　）

（3）🥕 = 🍅 + 🍅 + 🍅，🍉 = 🍅 + 🍅 + 🍓，现在 🍉 卖10元，那 🥕 的价格是5元。（　　）

3. 编程题

用 Scratch 3 编写一个演示历史上"七步成诗"故事的程序。故事简介：魏文帝曹丕命令曹植在七步之内作成一首诗，作不出的话，就要动用死刑。曹植便一步一句作成一诗："煮豆持作羹，漉菽以为汁。萁在釜下燃，豆在釜中泣。本自同根生，相煎何太急。"

（1）准备工作

删除舞台上默认的小猫角色，添加两个人物角色，分别重命名为"曹丕"与"曹植"并将他们调整到合适的位置。

（2）功能实现

程序运行后，"曹丕"角色用4秒说"曹植，七步之内作成一首诗，作不出的话，我就杀了你。"曹植"角色听完这句话后，往前"移动100步"，"等待1秒"后，用3秒说出第一句诗"煮豆持作羹"；接着再次往前"移动100步"，"等待1秒"后，用3秒说出第二句诗"漉菽以为汁"；以此类推，"曹植"每次"移动100步"后，"等待1秒"，说出一句诗，直到6句古诗吟诵完，第七次移动后程序结束。注意："曹植"角色在移动过程中不能超出或停在屏幕边缘。

第 5 课　绚丽的舞台 —— 切换背景

　　六一儿童节，小明所在的班级将举行一场庆祝晚会，因此需要设计一个舞台表演节目。小明平时动手能力很强，又很有创造力，所以同学们就把设计舞台的任务交给了他。小明思考后决定设计一个能够随着不同表演类型而变换背景的绚丽舞台，他是怎么做的呢？

　　他在舞台上添加不同的背景图片，使用背景切换功能让背景不断变换，从而为节目增色，舞台效果如图 5-1 所示。

图5-1　"绚丽的舞台"范例作品

作品预览

 5.1 课程学习

5.1.1　相关知识与概念

1. 添加舞台背景

电影中人物角色出场的时候，往往会有不同的场景。在 Scratch 3 中，背景

就相当于电影中的场景。当角色在舞台区"表演"时，背景是衬托在最底层的图像场景。

在 Scratch 3 中，单击舞台背景区的 按钮，软件提供了 4 种添加背景的方法，如表 5-1 所示。

表 5-1　添加背景的 4 种方法

方法	选项	名称	功能
1		选择一个背景	单击此选项，从背景库中选择背景
2		绘制	单击此选项，打开内置的绘图编辑器绘制背景
3		随机	单击此选项，将从背景库中随机添加背景
4		上传背景	单击此选项，从本地计算机中添加背景

2. "背景"选项卡

单击舞台背景区中的背景缩略图，单击"背景"选项卡，在背景列表区中可看到已添加的背景的相关信息，如数量、名称等，并可对背景进行复制、删除、重命名、调整顺序等操作。"绘图编辑器"可对背景进行修改、绘制等操作，如图 5-2 所示。

图5-2　选择"背景"选项卡

3．认识新积木

下一个背景 积木属于"外观"分类，设置当前舞台的背景为下一个背景，如果舞台只有一个背景，那么此积木无效。

换成 背景1 ▼ 背景 积木属于"外观"分类，将当前舞台背景换成指定的背景。此积木有一个下拉列表参数，用于指定背景名称，列表内容为当前舞台所有背景的名称以及"下一个背景""上一个背景""随机背景"这 3 个固定选项。

换成 背景1 ▼ 背景并等待 积木属于"外观"分类，将当前舞台背景换成指定的背景并等待。此积木有一个下拉列表参数用于指定背景，列表内容为当前舞台所有的背景名称。

5.1.2 添加舞台背景

根据主题选择图片作为舞台背景。本课范例作品需添加背景库中的"Spotlight"背景图片，具体可以按以下步骤进行操作。

单击舞台背景区的 按钮，在上拉列表中单击 选项，如图 5-3 所示。

图5-3　添加背景图片

在"选择一个背景"对话框中，拖曳右边的垂直滚动条或滚动鼠标滚轮选择图片，如图 5-4 所示。找到"Spotlight"背景图片并单击此图片，即可完成舞台背景的添加。同时舞台区与舞台缩略图显示"Spotlight"背景图片。

选中舞台缩略图，单击"背景"选项卡，背景列表区会显示已添加的背景的相关信息，如图 5-5 所示，目前共有 2 个背景，分别是系统自带的白色背景和"Spotlight"背景图片。

图5-4　打开"选择一个背景"对话框

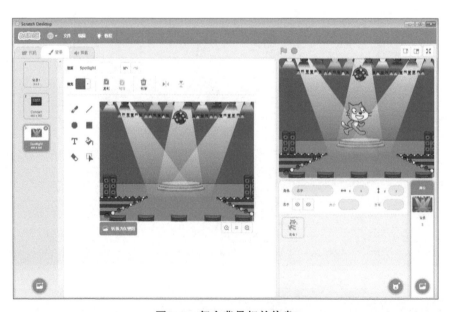

图5-5　舞台背景相关信息

删除白色背景。新增舞台背景后，原先默认的白色背景排在首位，如要删除此背景共有 2 种操作方法。

方法1　选中白色背景，单击右上角的 🗑 按钮删除，如图 5-6 所示。

图5-6　单击按钮删除背景

方法2　选中白色背景并单击鼠标右键，在出现的菜单中选择"删除"选项，如图 5-7 所示。

图5-7　右击删除背景

此时，我们就完成了舞台背景的添加。

> **试一试** 从背景库中选择其他不同风格的图片作舞台背景，比如"运动""户外""太空"。

5.1.3 添加多个背景

随着六一儿童节的临近，同学们准备的节目很丰富，有诗朗诵、小品、独唱和舞蹈，小明决定为每个节目选择一个指定的背景，此时需添加多个背景图片以满足不同类型节目的需求。

当打开"选择一个背景"对话框时，可以看到"所有""奇幻""音乐""运动"等不同类别的背景图片，如图5-8所示。选择不同的类别可以让我们快速地找到想要的背景图片。小明需选择具有舞台效果的背景图片，因此可选择"音乐"类别，具体操作步骤如下。

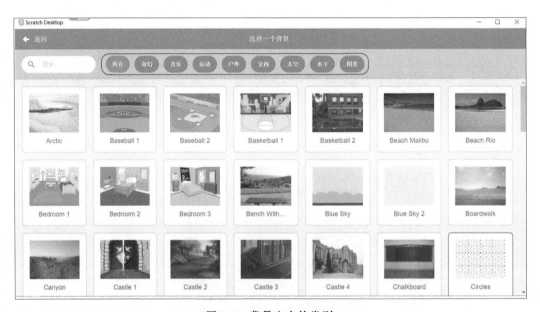

图5-8　背景库中的类别

1. 添加"音乐"类别图片

单击"音乐"类别，使用前面的方法依次添加背景图片，如图5-9所示。

图5-9 "音乐"类别的4张背景图片

2. 重命名背景图片

4个背景图片对应4个节目（诗朗诵、小品、独唱和舞蹈），为了操作方便，我们需要分别对4个背景图片进行重命名操作，其名称为节目所对应的表演类型，如"Concert 2"图片对应"舞蹈"，以此类推。具体操作方法如下。选中"Concert 2"缩略图，如图 5-10 所示，单击右侧"绘图编辑器"上方的"造型"参数框，修改名称为"舞蹈"。用同样的方法分别将剩余的背景图片命名为"小品""独唱"和"诗朗诵"。

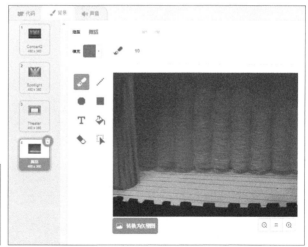

图5-10 背景重命名

通过以上操作完成本课范例背景图片的添加，并使背景图片与表演节目顺序一致。

试一试 如何在背景列表区调整背景的顺序呢？请将你的方法与同学交流。

5.1.4 编写脚本代码

背景图片添加好后就可以编写代码了，我们需要实现根据节目的表演顺序自动切换至相应背景图片的功能，具体可操作步骤如下。

"外观"分类中的 下一个背景 、 换成 背景1▾ 背景 、 换成 背景1▾ 背景并等待 积木都可以实现舞台背景切换，如图5-11所示。

根据范例作品要求可选择 下一个背景 积木来实现节目与背景的对应切换，同时每个节目需要不同的等待时间，还需要使用 等待 1 秒 积木。具体操作方法如下。单击"代码"选项卡，拖曳"外观"分类中的 下一个背景 积木至代码区，并拖曳 等待 1 秒 与 下一个背景 组合为代码。本次表演共4个节目，需添加4组 下一个背景 等待 1 秒 代码，如图5-12所示。

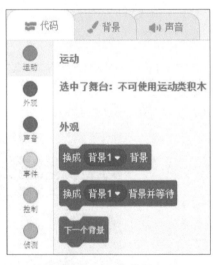

图5-11 切换背景积木

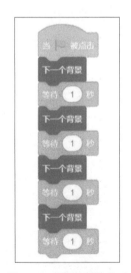

图5-12 背景切换代码

单击 ▶ 按钮运行程序，在舞台区观看运行结果。

5.1.5　调试程序

因为每个节目表演的时间不一样，所以需要设置不同的等待时间。小明在调试程序的过程中又碰到新问题：表演小品的同学因有事不能准时参加表演，希望小明将他的节目安排在最后，整个表演顺序重新调整后，变为诗朗诵、独唱、舞蹈和小品，对应的背景图片也需要随之变化。如何让程序更智能地配合节目表演顺序自动切换到对应的背景呢？小明进行了大量测试，将 下一个背景 积木改为指定背景，选用 换成 背景1 ▾ 背景 积木。如何选择指定背景呢？只需单击该积木下拉列表参数右边的白色小三角按钮，在下拉列表中选择相应的背景图片，如图 5-13 所示。设置第 1 个节目背景的积木为 换成 诗朗诵 ▾ 背景 ，以此类推。

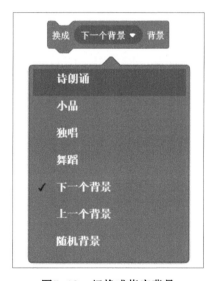

图5-13　切换成指定背景

修改每个节目的等待时间，小明修改后的最终程序如图 5-14 所示。

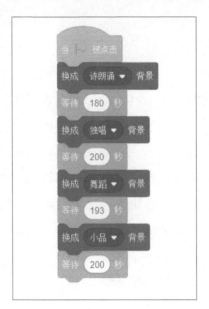

图5-14 修改后的背景切换代码

想一想 在本课范例作品中，除了使用 换成 诗朗诵 ▼ 背景 积木改变表演顺序外，你还有其他方法吗？

 ## 5.2 课程回顾

课程目标	掌握情况
1. 可以通过"选择一个背景"导入舞台背景	☆ ☆ ☆ ☆ ☆
2. 掌握根据不同需求进行背景排序以及背景重命名的操作方法	☆ ☆ ☆ ☆ ☆
3. 认识并学会使用"下一个背景""换成指定背景"积木	☆ ☆ ☆ ☆ ☆
4. 能根据需求选取合适的背景，知道背景和角色的区别	☆ ☆ ☆ ☆ ☆
5. 掌握切换背景的多种操作方法	☆ ☆ ☆ ☆ ☆

5.3 练习巩固

1．单选题

（1）（　　）按钮可以实现添加一个背景。

  A. ⬛　　　　　B. ⬛　　　　　C. 🔊　　　　　D. 🚩

（2）（　　）积木可以实现把舞台背景换成"背景1"的效果。

  A. 下一个造型　　　B. 换成 造型1▾ 造型　　　C. 下一个背景　　　D. 换成 背景1▾ 背景

（3）下列关于舞台背景说法错误的是（　　）。

  A．一个舞台可以添加多个背景　　B．多个背景可以按指定的顺序显示

  C．舞台可以使用运动类积木　　　D．舞台背景是可以进行修改的

2．判断题

（1）Scratch 3 可以给舞台分配多个背景，并且在代码执行过程中通过背景切换来改变舞台的外观。（　　）

（2）在舞台上添加背景可以在 Scratch 3 软件的菜单栏中找到相应的选项。（　　）

（3）背景与角色具有相同的分类与积木。（　　）

3．编程题

试着编写"小猫游世界"程序，该程序能够自动切换背景图片，展现小猫去过的地方。

（1）准备工作

添加背景库中不同的背景图片，展现不同的地域风格，删除白色背景。

（2）功能实现

单击  按钮，程序开始运行，小猫在舞台中央，舞台以固定的时间间隔切换不同的背景图片。

第6课 猜猜我是谁 ——单击角色

在六一儿童节庆祝晚会中，小明设计了一个"猜猜我是谁"的互动游戏，游戏规则是在表演中让两位伴唱人遮住脸，请大家猜猜他们是谁，等大家猜完之后再露出脸，看大家是否猜对。同学们都很喜欢这个游戏。

这个节目需要用"绘图编辑器"的画图功能绘制椭圆来遮住伴唱人的脸。当用户用鼠标单击伴唱人时，程序通过造型切换的方式露出伴唱人的脸，看看大家是否猜对，舞台效果如图6-1所示。

图6-1 "猜猜我是谁"范例作品

作品预览

 6.1 课程学习

6.1.1 相关知识与概念

1. 调整角色大小

我们可根据需求调整角色在舞台中的显示比例，默认值为100，表示舞台上

的角色图片与角色库中的角色图片一样大。调整角色大小的具体操作方法如下。在角色区，选中需调整的角色，修改"大小"的参数值即可，如果"大小"的参数值为200，表示在舞台上的角色图片为角色库中的角色图片的200%大，即放大1倍；如果将"大小"的参数值改为50，则表示在舞台上的角色图片为角色库中的角色图片的50%大，即缩小为一半。"大小"参数越大，角色就越大，反之就越小，参数框的位置如图6-2所示。

图6-2　调整角色大小参数框

2. 认识造型

电影中的同一角色经常会以不同的装扮和形象出现，我们把角色的装扮和形象称为造型。在Scratch 3中，每个角色都有一个或多个造型，为一个角色添加多个连续造型可以实现角色不断变化的动画效果，如呈现一个人走路的动作或一只蝴蝶扇动翅膀飞行的效果等。

Scratch 3默认的"小猫"角色有2个造型，如图6-3所示，不断切换小猫造型，就能呈现小猫走路的动画。

图6-3　小猫角色的两个造型

3. 认识"绘图编辑器"

Scratch 3 中内置有"绘图编辑器"，如图 6-4 所示。它有两种运行模式，分别是位图模式和矢量图模式。绘图编辑器会根据造型自动选择模式，我们也可以单击左下角的转换按钮进行切换。

"绘图编辑器"可对造型、背景进行简单的绘制与修改，它主要包括绘图工具栏、属性区、图像编辑工具栏和绘图编辑区 4 部分，我们可根据需求选择不同的工具进行操作。

图6-4　绘图编辑器

例如，为小猫添加一条小鱼。单击 ○ 工具，在空白处画一个椭圆；再选择 ✎ 工具画出小鱼的尾巴；选择 🎨 工具为小鱼涂色；最后在 填充 ■ 中选择黑色，画出小鱼的眼睛，这样就完成了小鱼的绘制，如图 6-5 所示。注意：在绘制时，图形的轮廓一定要封闭，不然无法填充颜色。

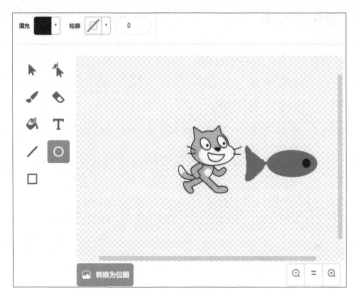

图6-5 在"绘图编辑器"中绘制小鱼

4. 认识新积木

积木属于"事件"分类，当角色被单击时，执行积木下方的代码。

积木属于"外观"分类，设置当前角色的造型为下一个造型，如果当前角色只有一个造型，那么本积木无效。

积木属于"外观"分类，将当前角色的造型换成指定名称的造型。积木有一个下拉列表参数，用于指定造型名称，其中列表内容就是当前角色所有的造型名称。

试一试 在绘图编辑区选择位图模式和矢量图模式分别画圆，然后选择 工具尝试操作，与同学交流以两种模式绘制图形的不同点。

6.1.2 准备工作

1. 设置舞台背景

本课范例作品是"猜猜我是谁"，我们需要添加名为"Spotlight"的聚光灯舞台背景图片。单击舞台背景区的 按钮，在上拉列表中单击 选项，从"选择一个背景"对话框中单击"音乐"类别，添加名为"Spotlight"的舞台背景图片，同时删除默认的空白背景图片。

2. 添加"Abby"角色

添加主唱人。单击角色区的 ⬤ 按钮，在上拉列表中单击 🔍 选项，从"选择一个角色"对话框中单击"人物"类别，添加名为"Abby"的图片作为主唱人。用同样的方法添加伴唱人 "Amon" "Anina Dance"，并将 3 个角色分别拖动至舞台区合适的位置，如图 6-6 所示。

图6-6　添加角色后的舞台

3. 设置角色大小

图 6-6 中，"Amon"角色太大了，我们需将它变小。选中"Amon"角色，修改 大小 ⬤100 参数，将参数值从"100"修改为"50"。用同样的方法将"Anina Dance"角色调到合适的大小。调整后的角色在舞台中的显示效果如图 6-7 所示。

图6-7　调整角色大小

试一试　在舞台中继续添加话筒、乐器等角色，并调整其大小，让舞台画面看起来更丰富。

6.1.3　让"伴唱人"蒙上脸

在范例作品中，伴唱人角色需要设置两个造型，第一个造型是把脸盖住，可让大家猜伴唱人是谁，第二个造型则显示全身用来验证大家是否猜对。从角色库中添加的"Amon"角色只有一个造型，我们可用复制造型的方法增加其他造型。

1. 复制造型

在角色区选定"Amon"角色，单击"造型"选项卡，如图6-8所示。

图6-8 选定"Amon"角色，单击"造型"选项卡

选中"amon"造型并单击鼠标右键，如图6-9所示，在菜单中单击"复制"选项，系统会自动生成名为"amon2"造型。

图6-9 复制造型，系统自动生成造型名

2. 画圆遮脸

在范例作品中，"Amon"角色的第一个造型是不露脸的，我们需要在"绘图编辑器"中选择 ○ 工具，在Amon脸部位置画出实心圆，将Amon的脸部遮住，如图 6-10 所示。

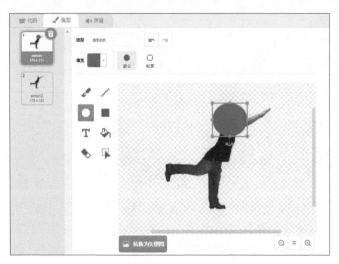

图6-10　在第一个造型中画实心圆

以上操作使伴唱人 Amon 有两个造型，第一个造型的脸部被遮住了，第二个为原造型。用同样的方法为伴唱人 Anina Dance 完成造型的编辑。

6.1.4　编写代码

舞台中有多个角色，我们可根据需要设计简单的情景对话，比如主唱人 Abby 说："今天谁和我一起表演呢？"另外，当伴唱人被单击后，伴唱人的造型需要发生改变，由原先遮住脸的造型变成露脸的造型，并说："你猜对了吗？"我们可以用学过的程序流程图进行简单描述，如图 6-11 所示。

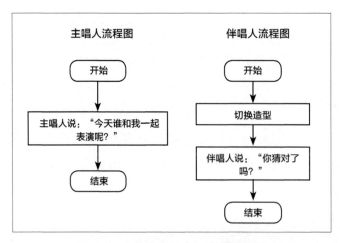

图6-11　"猜猜我是谁"程序流程图

1. 编写主唱人的代码

根据程序流程图，主唱人说"今天谁和我一起表演呢？"需要编写程序来实现，具体操作步骤如下。

选中"Abby"角色，将  积木拖曳到代码区，修改参数为"今天谁和我一起表演呢？"，并将该积木与  积木组合，主唱人 Abby 的代码如图 6-12 所示 。

图6-12　主唱人Abby的代码

2. 编写伴唱人的代码

在本课范例中，用鼠标单击伴唱人时，该角色会显示全身，此处应使用  积木启动代码。

当单击角色"Amon"时，应切换为下一个造型"amon2"，并说"你猜对了吗？"，具体操作步骤如下。

拖曳"事件"分类中的  积木至代码区，分别将 下一个造型 和 说 你好! 2 秒 积木拖曳至代码区，修改 说 你好! 2 秒 积木的参数为"你猜对了吗？"，并将 3 个积木组合在一起，伴唱人 Amon 的代码如图 6-13 所示。

图6-13　伴唱人Amon的代码

用同样的方法编写伴唱人 Anina Dance 的代码。

练一练 从角色库中添加的"Anina Dance"角色共有几个造型？编写一段代码让她不断变换造型吧！

6.1.5 调试程序

我们编写好的程序需要不断地运行检查，发现问题后要及时进行调整。在本课范例作品中，单击 ▶ 按钮运行程序后，你会发现"Amon""Anina Dance"角色无法回到遮住脸部的造型，这时我们需要对"Amon""Anina Dance"角色进行初始化设置，并在单击 ▶ 按钮后，让角色切换到原来的造型。具体操作方法如下。从 ● 分类中选择 换成 amon2 ▾ 造型 积木，单击白色的小三角按钮，在下拉列表中选择第一个造型"amon" 换成 amon ▾ 造型 ，如图 6-14 所示。

图6-14 换成"amon"造型

单击 当 被点击 积木，伴唱人"Amon"角色换成遮住脸的造型。伴唱人"Amon"角色的初始化代码如图 6-15 所示。

图6-15 伴唱人"Amon"角色的初始化代码

用同样的方法，为伴唱人"Anina Dance"角色编写初始化代码。单击 ▶ 按钮后，单击伴唱人"Amon""Anina Dance"都可以切换至遮住脸部的造型。

想一想　换成 造型1 ▾ 造型 、下一个造型 两个积木有什么区别？分别适用在什么场景？请将你的想法与其他同学进行交流。

6.2 课程回顾

课程目标	掌握情况
1. 掌握复制造型的操作方法，能够根据需要添加适当的造型	☆ ☆ ☆ ☆ ☆
2. 认识"当角色被点击"积木，能够根据需求编写代码	☆ ☆ ☆ ☆ ☆
3. 能够利用"绘图编辑器"绘制简单的图形	☆ ☆ ☆ ☆ ☆
4. 理解角色与造型的意义与区别	☆ ☆ ☆ ☆ ☆
5. 初步了解动画制作的原理	☆ ☆ ☆ ☆ ☆

 6.3 练习巩固

1. 单选题

（1）在 Scratch 3 中，可以使用（　　）添加一个造型。

　　A. 🗑　　　　B. 🖌　　　　C. ↖　　　　D. 🗂

（2）在 Scratch 3 中，可以添加（　　）舞台背景。

　　A. 任意多个　B. 1 个　　　C. 3 个　　　D. 1 个

（3）可以使用积木（　　）变换角色的造型。

　　A. `下一个造型`　　B. `等待 0.3 秒`　　C. `将 颜色▼ 特效增加 25`　　D. `清除图形特效`

2. 判断题

（1）在 Scratch 3 中，造型不能修改。（　　）

（2）一个角色可以有无数个造型，也可以只有一个造型。（　　）

（3）角色的造型可以进行复制、删除和导出。（　　）

3. 编程题

编写"猜猜我是谁"动物版小游戏，在舞台中设置 5 个小动物角色，用图案盖住它们身体的一半，当单击动物角色时，小动物会说出自己的名称并显示全身

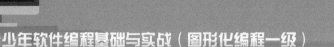

完整图案。

（1）准备工作

删除舞台上默认的小猫角色，添加5个动物角色。

（2）功能实现

程序运行后，5个动物角色出现在舞台上，它们身体的一部分被图案盖住。单击某个动物角色时，可显示动物的名称和全身完整图案。

第 7 课 跳舞达人秀——设置特效

　　小明远方的好朋友要过生日了，由于路途遥远，小明不能参加朋友的生日聚会，于是他设计了一个"跳舞达人秀"程序，以表达自己的心意。

　　"跳舞达人秀"可以通过不断变换舞台背景颜色，呈现美轮美奂的舞台效果。为了突出主题，我们可在背景图片上添加文字"跳舞达人秀"，配上主人公在绚丽舞台上的欢快舞动，营造"跳舞达人秀"的真实效果，作品展示如图7-1所示。

图7-1 "跳舞达人秀"范例作品　　　　　　　　**作品预览**

 7.1 课程学习

7.1.1 相关知识与概念

1. 认识位图和矢量图

位图是由一个个不同颜色的小点（像素）组成，手机和数码相机拍摄的照片

都是位图。这些照片放得越大，图像就越模糊。矢量图由几何图形构成，无论如何放大，都不会影响图片的清晰度。

2. "绘图编辑器"——认识常用工具

"绘图编辑器"为我们提供了常用的绘画工具，并且在矢量图、位图模式下提供的工具是不同的，如表 7-1 所示。我们可以根据需要选择不同的图像模式，使用合适的工具绘制或编辑角色造型和背景图像。

表 7-1　常用绘图工具

模式	图标	工具名称	功能
矢量图模式	↖	选择	选择图形，移动图形
	⬈	变形	拖动图形关键点修改图形
	✎	画笔	绘制图形
	◆	橡皮擦	擦除图形
	◔	填充	在封闭区域中填充颜色
	T	文本	在图形中添加文本
	╱	线段	绘制线段
	○	圆	绘制圆形或者椭圆形
	□	矩形	绘制正方形或者长方形
位图模式	✐	画笔	绘制图形
	╱	线段	绘制线段
	●	圆	绘制圆形或者椭圆形
	■	矩形	绘制正方形或者长方形
	T	文本	在图形中添加文本
	◔	填充	在封闭区域中填充颜色
	◆	橡皮擦	擦除图形
	⬚	选择	选择图形，移动图形

3. 添加文字

用 Scratch 3 进行创作时，我们可以使用"绘图编辑器"对角色造型或者背景添加文字以表示活动主题、地点、名称等。具体操作方法如下。选择 **T** 文本工具添加文字，还可以设置文字的大小、颜色和字体等。

4. 认识新的积木

 将 颜色 ▾ 特效增加 25 积木属于"外观"分类，可将当前颜色特效值在原数值基础上

增加指定值。此积木有 2 个参数，第一个是下拉列表参数，用于指定特效类型，包括颜色、鱼眼、漩涡、像素化、马赛克、亮度、虚像共 7 个选项；第二个参数用于指定增加值。各颜色特效值效果对比如表 7-2 所示。

表 7-2　各颜色特效值效果对比

颜色特效值	0	25	50	75	100
效果					

单击 将 颜色▼ 特效增加 25 积木中的白色小三角按钮，可选择更多特效，这些特效的使用效果如表 7-3 所示。

表 7-3　其他特效对比

积木	效果
将 鱼眼▼ 特效增加 50	
将 漩涡▼ 特效增加 50	

积木	效果

积木属于"外观"分类，可清除之前设置的所有图形特效，恢复原始状态。此积木无参数。

积木属于"事件"分类，当按下指定按键时执行该积木下方的代码。此积木有一个下拉列表参数，用于指定按键；列表内容是一些常用的键盘按键，

包括：空格键、方向控制键、字母键、数字键、任意键等。

7.1.2 准备工作

1. 设置舞台背景

本课范例作品是"跳舞达人秀"，需要添加名为"Concert"的聚光灯背景图片。单击舞台背景的 ⊙ 按钮，在上拉列表中单击 🔍 选项，在"选择一个背景"对话框中单击"音乐"类别，添加名为"Concert"的背景图片，同时删除默认空白背景图片。

2. 添加角色

添加舞者"Cassy Dance"。单击角色区的 🐱 按钮，在上拉列表中单击 🔍 选项，从"选择一个角色"对话框中单击"人物"类别，选择"Cassy Dance"，如图 7-2 所示，并将她移到舞台区合适的位置。

图7-2 选择"Cassy Dance"角色

 在角色区调整"Cassy Dance"角色的大小，并将"Cassy Dance"角色移动到舞台中间。

7.1.3 添加文字——"跳舞达人秀"

在 Scratch 3 的舞台区，我们可通过添加文字来突出活动主题。单击舞台缩略图，再单击"背景"选项卡打开"绘图编辑器"，本课范例作品添加的文字是"跳舞达人秀"，具体操作方法如下。

1. 输入文字

单击 转换为矢量图模式。选择 **T** 工具，在舞台任意位置单击鼠标，出现文本框，输入文字"跳舞达人秀"。

2. 选择字体颜色

选中文字，单击 填充 右边的黑色小三角，弹出调整颜色、饱和度、亮度的对话框，如图 7-3 所示。可通过拖动水平滑块，观察 填充 中颜色的变化，直到满意为止。如要选择白色，可将饱和度滑块左移，将其值调至 0，此时，色块显示为白色，文字也会随之变成白色。

图7-3 选择颜色

3. 调整文字位置

选择工具，选中文字并将其移动至合适位置，如图 7-4 所示。

图7-4 调整文字位置

选择本课范例背景"Concert"，在舞台左边的音箱旁添加文字"左声道"，在右边的音箱旁添加文字"右声道"。

7.1.4　编写代码

1. 编写舞台代码

背景设计好后，可使用 [将 颜色▼ 特效增加 25] 积木实现虚拟灯光、色彩的变化，从而营造真实的舞美效果。具体操作步骤如下。

本课范例作品将设置颜色特效，拖曳"外观"分类中的 [将 颜色▼ 特效增加 25] 积木至代码区。为了便于操控代码，可用 [当按下 空格▼ 键] 积木启动，并将两个积木组合，设置舞台特效的代码如图 7-5 所示。多次按下空格键，舞台的背景颜色随之多次改变。

图7-5　设置舞台特效的代码

添加 "Theater" 背景图片，在 [将 颜色▼ 特效增加 25] 积木中选择其他特效（见图 7-6），感受该积木的魅力。

图7-6　选择其他特效

2. 编写角色代码

本课范例作品中跳舞者为"Cassy Dance"，为了方便控制代码，我们也选择用 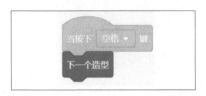 积木启动代码。根据分析，当按下空格键时，跳舞者开始跳舞，可使用 积木切换造型，变换动作。每按一次"空格键"，跳舞者就会做出不同的动作，"Cassy Dance"的跳舞代码如图 7-7 所示。

图7-7　"Cassy Dance"的跳舞代码

7.1.5　调试程序

多次运行程序后，你会发现"Cassy Dance"角色初始的造型和舞台颜色每次都不一样。一个严谨的程序在运行前一般需要进行初始化设置，这里我们将角色和背景设置为原来的参数。

1. 角色的初始化

单击 按钮，"Cassy Dance"角色应回到第一个造型，可在 积木中单击白色小三角按钮，换成"Cassy Dance"角色的第一个造型"cassy-a"。"Cassy Dance"角色的初始化代码如图 7-8 所示。

图7-8　"Cassy Dance"角色的初始化代码

2. 初始化舞台

随着不停地按空格键，舞台"Concert"的颜色已不再是原来的颜色，我们在每次运行代码时需对舞台背景进行初始化。单击舞台缩略图，拖曳"外观"分

类中的 积木到代码区，它可清除所有特效设置，将其与 积木组合，舞台的初始化代码如图 7-9 所示。

图7-9　舞台的初始化代码

想一想　从角色库中添加的角色"Cassy Dance"共有多少个造型？你能改变她的舞蹈动作的顺序吗？

7.2 课程回顾

课程目标	掌握情况
1. 能根据不同的主题选择并添加相应的背景图片	☆ ☆ ☆ ☆ ☆
2. 学会添加文字的方法，并能熟练地掌握设置文字的颜色和字体、移动文字的方法	☆ ☆ ☆ ☆ ☆
3. 认识并掌握特效增加积木的使用方法	☆ ☆ ☆ ☆ ☆
4. 认识并掌握"清除图形特效"积木的使用方法	☆ ☆ ☆ ☆ ☆

7.3 练习巩固

1. 单选题

（1）在 Scratch 3 中，添加文字后，可对它进行（　　）操作。

　　A. 设置大小　　　B. 改变颜色　　　C. 设置字体　　　D. 以上都可以

（2）要将背景特效恢复到初始状态，可以使用的积木是（　　）。

　　A. 下一个造型　　　B. 等待 0.3 秒　　　C. 将 颜色 特效增加 25　　　D. 清除图形特效

（3）添加文字的工具是（　　）。

　　A. 🖌　　　B. ▸　　　C. □　　　D. T

2．判断题

（1）添加任意角色，运行"下一个造型"积木，都有"跳舞"的动画效果。（　）

（2）一个角色可以有多个造型，但至少有一个造型。（　）

（3）文字被添加后就不能移动。（　）

3．编程题

编写一个梦幻舞台程序，背景如下页图所示，每按一次空格键，舞台背景颜色就发生一次改变。

（1）准备工作

删除舞台上默认的"小猫"角色，添加名为"Party"的背景图片。

（2）功能实现

程序运行后清除背景特效，按下空格键，变换颜色，1秒后还原。再次按下空格键，再次变换颜色。

第8课 小青蛙过河 ——编辑背景

　　春天到了，河边的小青蛙想去和小猫一起玩捉迷藏，可是一条河流挡住了它的去路。小青蛙想跳过去，可河流太宽了，它只能傻傻地看着。忽然，小青蛙发现河中间有几片荷叶，它灵机一动跳上荷叶，成功来到了河对岸，开心地跟小猫玩耍去了。

　　要帮助小青蛙顺利过河，需使用"绘图编辑器"中的绘图工具来绘制荷叶、河岸，使用 面向 90 方向 移动 10 步 积木帮助青蛙过河，作品效果如图8-1所示。

图8-1 "小青蛙过河"范例作品

作品预览

8.1 课程学习

8.1.1 相关知识与概念

1. 设置画笔的粗细

打开"绘图编辑器"，选择 ✏ 工具，在 ✏ ◁▷ 中输入画笔的粗细值即可完成画笔粗细的设置。也可单击右侧的上下调节按钮，每单击一次上按钮，画笔增大 1 号；单击一次下按钮，画笔缩小 1 号。

2. 删除造型

在 Scratch 3 中，从角色库添加的角色大多数包含多个造型，我们可根据需要删除多余的造型。删除的操作方法有两种。

方法1　选中角色单击"造型"选项卡，选中需删除的造型后，单击右上角的 🗑 按钮即可删除造型，如图 8-2 所示。

图8-2　删除造型方法1

方法2　选中需删除的造型，单击鼠标右键，在菜单中单击"删除"选项，即可删除造型，如图 8-3 所示。

图8-3 删除造型方法2

3. 认识新的积木

面向 90 方向 积木属于"动作"分类，使当前角色面向指定方向。该积木有一个参数，用于指定角色面向的方向（角度）。单击参数框打开"角度设置"面板，如图8-4所示。用鼠标拖动面板右边的箭头指针，能以15°为单位设定角色方向的角度值；也可以在参数框中直接输入0～360范围内的任意角度数值，设定方向。

图8-4 "角度设置"面板

> 练一练 利用"绘图编辑器"选择合适的颜色，用 ○ 工具绘制小熊猫。

8.1.2 准备工作

1. 设置舞台背景

本课范例作品是"小青蛙过河"，需要添加名为"UnderWater 2"的舞台背景图片。单击舞台背景区的 按钮，在上拉列表中单击 选项，在"选择一个背景"对话框中单击"户外"类别，添加名为"UnderWater 2"的背景图片，同时删除默认空白背景图片。

2. 添加"Frog 2"角色

在角色区单击 按钮，在上拉列表中单击 选项，在"选择一个角色"对

话框中单击"动物"类别，添加名为"Frog 2"的图片。当"Frog 2"角色被选中后，单击"造型"选项卡，分别删除"Frog 2-b""Frog 2-c"造型，并将角色"Frog 2"重命名为"小青蛙"，最后删除默认的"角色1"小猫，并在舞台区选中"小青蛙"角色，将它移到合适的位置。

8.1.3 编辑背景

想让小青蛙跳到河岸，需要在背景图片上画出两片荷叶，同时需要在河的另一端绘制河岸，让小青蛙可以顺着荷叶跳到河岸上。

1．绘制荷叶

荷叶的外形与椭圆形很相似，可选择 ○ 工具，在色块 中选择绿色绘制荷叶；选择 工具，绘制叶脉，并填充白色的水珠。这样荷叶就绘制完成了，如图8-5所示。

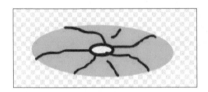

图8-5　绘制荷叶

可用同样的方法绘制另一片荷叶。通过以上操作，背景图片就修改完成了，如图8-6所示。

图8-6　在背景图片上绘制两片荷叶

试一试 你能用"复制"的方法绘制另一片荷叶吗？

2. 绘制河岸

单击舞台背景区的"舞台缩略图"，单击"背景"选项卡，在"绘图编辑器"中单击 [转换为矢量图] 转换为矢量图模式。选择 工具，在色块 填充 中选择棕色。在绘图编辑区绘制图8-7所示的河岸，在绘制过程中，河岸的轮廓一定是封闭的，不然无法填充颜色，最后选择 工具填色。

图8-7 绘制河岸

8.1.4 编写代码——小青蛙过河

本课范例作品中，小青蛙依次跳到两片荷叶上，最终跳到河岸上。

1. 设定"小青蛙"的跳跃方向

由于从角色库中添加的小青蛙面对两片荷叶的方向不一致，所以需要使用 [面向 90 方向] 积木调整小青蛙的跳跃方向。拖曳"外观"分类中的 [面向 90 方向] 积木到代码区，单击积木的参数框，弹出"角度设置"面板，如图8-8所示，拖动 调整角度，使其角度尽量与小青蛙在两片荷叶上的跳跃方向一致。调整好后双击该

积木，观察小青蛙的跳跃方向。多次调试，直到满意为止。本课范例作品的角度设为105°比较合适。

图8-8　调整小青蛙的跳跃方向

2. 编写小青蛙跳跃代码

在本课范例作品中，小青蛙跳跃3次才能跳到河岸，所以需要使用3组 。为了让小青蛙准确地跳到荷叶和河岸上，我们需要分别修改 积木中的参数，"小青蛙过河"代码如图8-9所示。

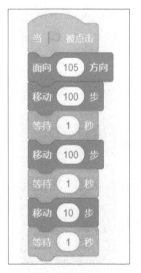

图8-9　"小青蛙过河"代码

在编写代码的过程中，我们经常用到相同的积木，如本课范例作品中的"等待1秒"和"移动10步"，我们可用"复制"的方法简化操作，操作方法如下。

将鼠标指针移到需要复制的第一块积木上，单击鼠标右键，在弹出的菜单中单击"复制"选项，即可复制出从当前积木开始的整个代码，如图 8-10 所示。

图8-10 复制代码

试一试 在本课范例作品中，如要让青蛙在跳跃时变换造型，必须添加 等待 1 秒 吗？尝试修改造型参数，观察小青蛙的跳跃效果。

8.1.5 调试程序

小青蛙跳上 2 片荷叶后才能跳到河岸，荷叶之间的距离各不相同。代码编写好后，需要不断调整小青蛙每一次的跳跃步数，以实现小青蛙每一次都能准确地跳到指定的位置，调整后的代码如图 8-11 所示。

试一试 小青蛙过河后，你能让它高兴地跳起来吗？

图8-11 "小青蛙过河"调整后的代码

8.2 课程回顾

课程目标	掌握情况
1. 学会使用"绘图编辑器"工具在背景图片上绘制图形	☆ ☆ ☆ ☆ ☆
2. 掌握复制积木和代码的方法	☆ ☆ ☆ ☆ ☆
3. 进一步熟悉"画笔""圆"和"填充"等工具的使用方法	☆ ☆ ☆ ☆ ☆
4. 进一步掌握调整角色面向的方向的操作方法	☆ ☆ ☆ ☆ ☆

 8.3 练习巩固

1. 单选题

（1）在 Scratch 3 中，删除某个角色的造型，可以使用（　　）。

A. 🚮　　　　B. 🚮　　　　C. ↖　　　　D. 🗔

（2）Scratch 3 中绘制圆形的工具是（　　）。

A. 🖌　　　　B. 🖌　　　　C. ○　　　　D. □

（3）要让角色面向指定的方向，可以使用的积木是（　　）。

A. `面向 鼠标指针▼`　　B. `右转 C 15 度`　　C. `面向 90 方向`　　D. `左转 つ 15 度`

（4）根据 ➕➖✖➕➕➖✖➕……➕➕ 符号的排列规律，将下一个符号选项填写在括号中。（　　）

A. ➕　　　　B. ➖　　　　C. ✖　　　　D. ➗

2. 判断题

（1）Scratch 3 中，不能修改从背景库中添加的背景。（　　）

（2）修改背景时，可使用 🖌 工具，在背景中可以随意填充颜色。（　　）

（3）使用 □ 工具只能画正方形，不能画长方形。（　　）

3. 编程题

制作一个学校编程大赛的舞台背景，如下图所示。编写程序，实现当按下空格键时，主角变换造型的功能。

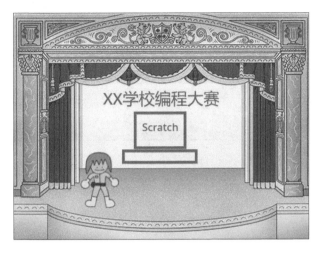

（1）准备工作

新建一个作品，从角色库中添加"Monet"角色，从背景库中添加"Theater"背景图片，并添加如上图所示的活动主题。

（2）功能实现

程序运行后，当按下空格键时，主角变换造型。

第 9 课　舞动的蝴蝶
——绘制角色

　　清晨阳光灿烂，小猫的邻居大蝴蝶带着小蝴蝶在草丛中翩翩起舞，它们时而在空中打转，时而快乐地拍打着翅膀，真是美极了。动画场景如图 9-1 所示。

　　本课将运用"绘图编辑器"绘制蝴蝶的外形，使用复制、翻转、设置大小等操作对蝴蝶进行调整，并通过编程实现蝴蝶的移动、旋转和切换造型等。

图9-1　"舞动的蝴蝶"范例作品

作品预览

 9.1 课程学习

9.1.1　相关知识与概念

1. 认识绘图编辑器——"编辑"功能

　　我们使用"绘图编辑器"（见图 9-2）除了可以绘画外，还可以对图像进行复制、翻转、设置图层等操作，具体功能如表 9-1 所示。

图9-2　"绘图编辑器"

表 9-1　"绘图编辑器"中的编辑工具

名称	功能
复制	复制图形
粘贴	粘贴图形
▶◀	水平翻转
▼	垂直翻转
往前放　往后放　放最前面　放最后面	设置图层位置
	组合图形

2. 认识新的积木

右转 C 15 度 积木属于"运动"分类，可使当前角色向右旋转指定角度。此积木有一个参数，用于指定旋转的角度值。

左转 ↺ 15 度 积木属于"运动"分类，可使当前角色向左旋转指定角度。此积木有一个参数，用于指定旋转的角度值。

9.1.2　准备工作

1. 设置舞台背景

本课范例作品是"舞动的蝴蝶"，需要添加名为"Forest"的森林背景图片。单击舞台背景区的 ⊕ 按钮，在上拉列表中单击 🔍 选项，在"选择一个背景"对话框中单击"户外"类别，添加名为"Forest"的舞台背景图片，删除默认空白舞台背景图片。

2. 添加角色

大蝴蝶和小蝴蝶是本课范例的主角，但角色库中的蝴蝶与范例作品不相符，需要通过 Scratch 3 内置的"绘图编辑器"绘制，删除 Scratch 3 默认的"角色1"。

9.1.3 绘制蝴蝶角色

1. 打开绘图编辑器

单击角色区的 ⊙ 按钮，选择 ✎ 选项，在角色区生成"角色1"，同时自动打开"绘图编辑器"，如图9-2所示，"绘图编辑器"自动设置为矢量图模式。

2. 绘制蝴蝶外形

蝴蝶的外形具有对称性，在绘制时可先画一边的翅膀，然后通过复制、垂直翻转等操作来完成另一边翅膀的绘制，具体绘制方法如下。

首先，选择 ○ 工具，在色块中选择颜色为透明色 填充 ╱ ，画笔粗细为4 轮廓 ■ 4 。画出蝴蝶的身体和一对翅膀，然后选择合适的颜色填充，如图9-3所示。

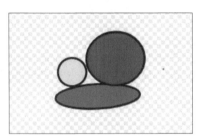

图9-3 画蝴蝶翅膀

然后，用选择 ▶ 工具，按住Shift键不放，分别单击蝴蝶翅膀的两个椭圆形，然后单击 ⊡ 按钮将它们组合，再依次单击 ⬆ ⬇ 按钮复制蝴蝶翅膀，此时在
复制 粘贴
绘图编辑区会出现同样的图形，如图 9-4 所示。

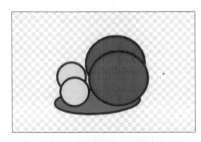

图9-4 复制蝴蝶翅膀

最后，选择 工具，将它移动至蝴蝶身体的另一边，根据图形对称原理，可单击 工具对选中的翅膀进行垂直翻转操作，并将它移至蝴蝶的另一边。这样另一边的翅膀就绘制完成了，如图9-5所示。之后选择 工具，为蝴蝶画上两根触角。

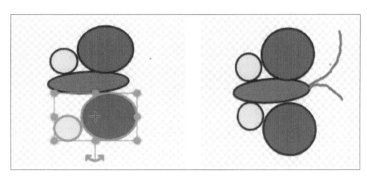

图9-5　复制、翻转蝴蝶翅膀

为了让蝴蝶表现得更自然，可选择 工具将蝴蝶选中，拖动蓝框下方的"旋转柄"将蝴蝶旋转一定的角度，如图9-6所示。

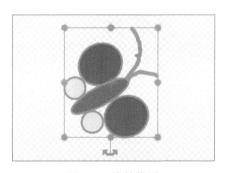

图9-6　旋转蝴蝶

3. 创建蝴蝶的另一个造型

要让蝴蝶飞舞时有拍打翅膀的效果，需要为蝴蝶添加另一个造型，将上一个蝴蝶造型的两对翅膀微微收拢，再通过"下一个造型"积木切换造型实现蝴蝶拍打翅膀的动画效果。我们可以通过复制造型的方法进行绘制。

首先，选中"造型1"并单击鼠标右键，在菜单中单击"复制"选项，完成"造型2"的添加，如图9-7所示。

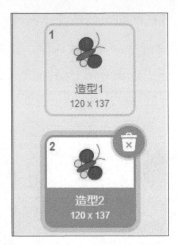

图9-7　复制造型

选中翅膀，进行大小与方向的调整，让两对翅膀有微微收拢的效果，如图9-8所示。

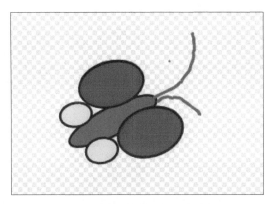

图9-8　创建蝴蝶的另一个造型

4. 让一只蝴蝶变成两只蝴蝶

本课范例作品中，大蝴蝶带着小蝴蝶在草丛中飞舞，除了大蝴蝶外，还需要一只小蝴蝶。为了降低制作难度，可利用复制和调整功能制作小蝴蝶的造型，具体操作方法如下。

首先，选择 ▶ 工具将蝴蝶"造型1"选中，分别单击  按钮，此时绘图编辑区就多了只一模一样的蝴蝶，如图9-9所示。

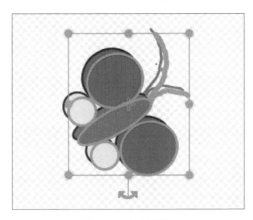

图9-9 复制蝴蝶

然后，拖动控点进行缩小操作，并将小蝴蝶移至大蝴蝶的左下角，并对小蝴蝶填色，如图 9-10 所示。这样大蝴蝶和小蝴蝶就绘制完成了。

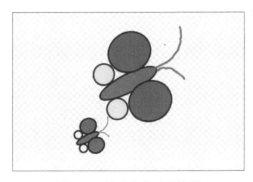

图9-10 缩小和移动小蝴蝶

练一练 打开小猫"Cat"的造型，请你尝试用复制的方法将一只小猫变成两只小猫。

9.1.4 编写代码

1. 蝴蝶边飞边拍打翅膀

为了让蝴蝶有"飞"的效果，需添加 [移动 10 步] 和 [等待 1 秒] 积木；同时蝴蝶需要边飞边拍打翅膀，需使用 [下一个造型] 积木。将积木组合起来，形成蝴蝶飞舞的代码，如图 9-11 所示。

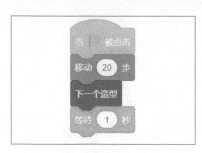

图9-11　蝴蝶飞舞的代码

2. 蝴蝶边飞还边旋转

为了让蝴蝶在空中旋转，需使用 积木，将该积木与上组代码组合。为了让蝴蝶飞得时间长一些，可将上一组代码复制 3 次。选中第一个积木单击右键，如图 9-12 所示，单击"复制"选项，代码就复制完成了。连续复制 3 次，完成蝴蝶代码的编写。

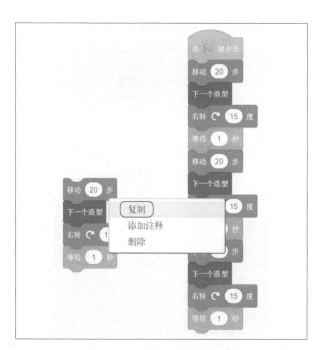

图9-12　复制蝴蝶飞舞的代码

练一练　　在角色区为蝴蝶角色调整大小，并重命名为"蝴蝶们"，尝试让蝴蝶左转，看看效果如何。

9.1.5 调试程序

运行程序，观察蝴蝶的运动轨迹，你会发现该程序有两处需要调整：一是蝴蝶飞得太慢，二是并没有实现蝴蝶在空中翻转的飞舞效果。分析代码，可修改蝴蝶的移动参数，将它调整为"30"。此外除了用 积木启动本代码外，可增加 积木，用来控制蝴蝶旋转，调整后的代码如图 9-13 所示。

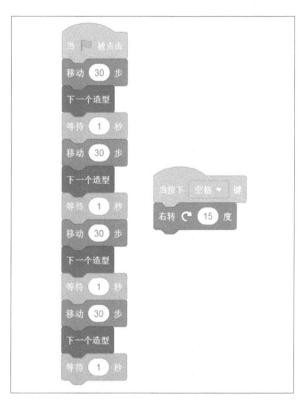

图9-13 调整后的代码

单击 ▶ 按钮，大蝴蝶会带着小蝴蝶在空中飞起来。当按下空格键时，蝴蝶就能在空中旋转了。

想一想 一个角色可包含多个对象，如本课范例中，蝴蝶角色包含了大蝴蝶与小蝴蝶，这样的设计有什么优势和不足？把你的想法与你的同学交流一下。

9.2 课程回顾

课程目标	掌握情况
1. 初步掌握绘制造型的操作方法及要点	☆ ☆ ☆ ★ ☆
2. 认识旋转积木的作用，并掌握其操作方法	☆ ☆ ☆ ☆ ☆
3. 熟练使用"绘图编辑器"中的编辑工具，可进行复制、翻转、改变大小等操作	☆ ☆ ☆ ☆ ☆
4. 初步理解一个角色多个对象的创作方式	☆ ☆ ☆ ☆ ☆

9.3 练习巩固

1. 单选题

（1）在 Scratch 3 中，可以使用（　）分类中的积木让角色旋转。

  A. 运动   B. 外观   C. 事件   D. 运算

（2）从角色库中添加"Bell"角色，把一个铃铛创作成下图所示的图形，需要进行（　）操作。

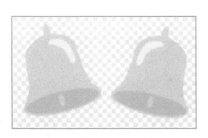

  A. 复制 粘贴 删除   B. ▶◀ 复制 粘贴   C. 复制 粘贴 ▶◀   D. 复制 粘贴

（3）如果作品中的角色需要绘制，可以使用（　）按钮。

  A.   B.   C.   D.

2．判断题

（1）"绘图编辑器"中的 ⟐ 按钮的作用是对图像进行水平翻转。（　　）

（2）选定任意一个角色，"绘图编辑器"默认设定为矢量模式。（　　）

（3）造型的切换，只能选用"下一个造型"积木来实现。（　　）

3．编程题

编写鸡妈妈带着小鸡宝宝追逐蝴蝶的程序。

（1）准备工作

使用"绘图编辑器"绘制鸡妈妈和小鸡宝宝，并从图片库中添加"Butterfly 1"角色，从背景库中添加"Blue Sky"舞台背景图片。

（2）功能实现

运行程序，鸡妈妈带着小鸡宝宝散步，突然从空中飞来一只蝴蝶，鸡妈妈带着小鸡宝宝追逐蝴蝶。

第10课　百变换新装
——本地角色

　　小明想成为一名魔术师，他希望当他说"我变"时，身上的 T 恤就会发生变化，舞台效果如图 10-1 所示。那怎样才能实现这个魔术呢？今天我们就来学习相关的知识，帮助小明完成心愿。

　　实现"百变换新装"，需要为小明准备很多好看的 T 恤，而 Scratch 3 角色库中没有足够的 T 恤图片，需要我们从互联网上下载 T 恤图片，通过新增 T 恤"角色"，添加不同的"造型"，再切换造型让小明实现"百变换新装"的魔术。

图10-1　"百变换新装"范例作品

作品预览

 10.1 课程学习

10.1.1 相关知识与概念

认识"上传角色"

在 Scratch 3 中，除了自带角色外，还可以从本地计算机中添加角色。单击

角色区的 ⊙ 按钮，在上拉列表中单击 ⬆ 选项，选择文件路径，添加保存在计算机中的图片作为角色。注意：建议将图片保存为 PNG 格式，可实现透明背景。

10.1.2 准备工作

设置舞台背景

本课范例作品为"百变换新装"，需要添加名为"Theater 2"的舞台背景图片。在舞台背景区单击 ⊙ 按钮，在上拉列表中单击 🔍 选项，出现"选择一个背景"对话框，选中"音乐"类别，添加"Theater 2"背景图片，并删除默认的空白舞台的背景图片。

10.1.3 新增"小明"角色

小明是"角色"，他的 T 恤同样也是"角色"，在制作该任务前共需新增"小明"和"T 恤"两个角色。

1. 从网上下载所需图片

在本课范例作品中，需要准备"T 恤"和"男生"图片。在互联网选择 T 恤图片时，要尽量与小明的体形相符，找到后下载到计算机中，将文件保存为 PNG 格式，如图 10-2 所示。

图10-2　保存在计算机中的图片

2. 添加角色

首先，在角色区单击  按钮，在上拉列表中单击 🠕 选项，出现"打开"文件对话框，选择"男生"图片后单击"打开"按钮，如图 10-3 所示，完成"男生"角色的添加，并将其重命名为"小明"，删除默认的"角色 1"。

图10-3　新增"小明"角色

用同样的方法，选择"T 恤 1"图片新增角色，并将其重新命名为"T 恤"，如图 10-4 所示。

图10-4　新增"T恤"角色

试一试　和你的同学讨论一下，如何将下载的图片保存为 PNG 格式？你常用的图像编辑软件有哪些？

10.1.4　导入"T恤"造型

在本课范例作品中，为了让小明实现变装魔术，需要给"T恤"角色添加不同的"造型"，具体操作方法如下。

首先，选中"T恤"角色，单击"造型"选项卡，单击下方的 按钮，在上拉列表中单击 选项，如图 10-5 所示。

图10-5　新增造型

然后，在"打开"图片对话框中找到"T恤2"图片并单击，如图 10-6 所示，将它作为"T恤"角色的另一个造型。

图10-6　新增造型"T恤2"

最后，用同样的方法添加造型"T恤3"。通过以上操作，"T恤"角色的 3 个造型就添加完成了，如图 10-7 所示。

图10-7 "T恤"角色的3个造型

想一想　什么是角色？什么是造型？它们之间有什么区别？

10.1.5 编辑角色与造型

在Scratch 3中，我们利用"绘图编辑器"可对角色或造型进行各种操作，如改变大小、将背景设为透明等。

1. 去除"T恤"角色的背景色

首先，选定"T恤"角色，单击"造型"选项卡，选择"T恤1"造型，单击 填充▮▾ 右边的小三角按钮，弹出色块面板，单击 ╱ 按钮，这表示填充色为透明色，如图10-8所示。

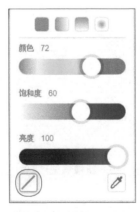

图10-8 选择透明色

然后，选择  工具去除"T 恤 1"的背景色，如图 10-9 所示。可用同样的方法将"T 恤"角色所有造型的背景设为透明。但从网上下载的图片，绝大部分不能一次性去除背景，此时我们可以使用橡皮工具擦除背景。

图10-9　去除背景色

2. 调整"T恤 1"造型的大小

选定"T 恤 1"，在"绘图编辑器"中选择  工具将图片选中，拖动控点调整图片大小，让它与"小明"的体形相匹配，如图 10-10 所示。

图10-10　调整造型大小

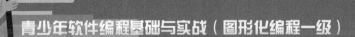

在调整时，还需使用 工具移动"T恤1"图片，并在舞台上观察该图片与"小明"的体形是否匹配。用同样的方法调整其余的造型。

10.1.6 编写代码

为了实现本课范例作品的效果，我们需要编写代码，具体操作步骤如下。

1. 小明说"我变"

在本课范例作品中，为了更好地控制代码，可使用 积木启动代码，小明说"我变"的代码如图10-11所示。

图10-11　小明说"我变"的代码

2. 小明变新装

为了让小明变装，可使用 积木实现造型切换，将它组合在上一组代码下方，最终小明变新装的代码如10-12所示。

图10-12　小明变新装的代码

我们可以不停地按空格键，小明就会不断地说"我变"，并更换 T 恤造型，从而实现 "百变换新装"的魔术。

10.2 课程回顾

课程目标	掌握情况
1. 可运用"上传角色""上传造型"的方法添加角色与造型	☆ ☆ ☆ ☆ ☆
2. 了解角色与造型的区别，根据需求选择不同的操作方法	☆ ☆ ☆ ☆ ☆
3. 熟练掌握"下一个造型""当按下空格键"积木的使用方法	☆ ☆ ☆ ☆ ☆
4. 学会在"绘图编辑器"中改变造型大小、将背景设为透明等操作	☆ ☆ ☆ ☆ ☆

 10.3 练习巩固

1. 单选题

（1）在本课范例程序中，按空格键让小明的"T 恤"不停变化的积木是（　　）。

A. 下一个造型　　　　B. 下一个背景　　　C. 换成 背景1▼ 背景　　　D. 换成 造型1▼ 造型

（2）在 Scratch 3 中，造型不可以做（　　）操作。

A. 复制　　　　B. 删除　　　　C. 导出　　　　D. 剪切

（3）关于造型的说法，以下（　　）选项是错误的。

A. 造型可进行修改　　　　B. 造型可重命名

C. 造型都是矢量图　　　　D. 造型列表可调整排列顺序

2. 判断题

（1）造型的大小是不可以修改的，必须事先在其他图形软件中调整好才可添加。（　　）

（2）在 Scratch 3 中，添加角色和造型的方法很相似，都是 4 种。（　　）

（3）执行代码除了用 ▶ 按钮启动外，还可以按任意键启动。（　　）

3. 编程题

在本课范例作品的基础上，编写小明"百变换新帽"的代码。

（1）准备工作

从网上下载多个"帽子"图片，添加名为"帽子"的角色，并添加多个帽子造型。

（2）功能实现

按数字键"1"，小明可更换一顶"帽子"。

第11课　小猫捉气球
——随机位置

今天阳光灿烂，小猫跑到公园里去玩。突然看见一个气球在空中飘呀飘，就兴致勃勃地跑去捉气球。怎样才能制作小猫捉到气球的动画呢？

气球在空中四处飘动，它的运动是没有规律的，可用随机位置积木实现。同时，小猫在追气球的过程中，要跟着气球移动，这就需要使用"面向角色"积木，让小猫在气球飘动过程中始终面向气球并不停地追随着，舞台效果如图 11-1 所示。

图11-1　"小猫捉气球"范例作品

作品预览

 11.1 课程学习

11.1.1 相关知识与概念

认识新的积木

积木属于"运动"分类，让当前角色在指定时间内滑行到参

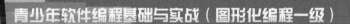

数所指定的对象位置。此积木有两个参数。第一个参数用来指定时间；第二个是下拉列表参数，用来指定角色。如果"角色区"只有一个角色，那么下拉列表仅包含"随机位置"和"鼠标指针"两个选项；如果有两个或两个以上角色，那么下拉列表中会增加除本角色之外的其他角色名称选项。

"滑行"和"移到"积木的区别在于多了一个时间参数。因此使用"滑行"积木，角色会有一个移动的过程；而"移到"积木没有时间参数，它执行时是瞬间把角色移动到指定位置。

移到 随机位置▾ 积木属于"运动"分类，让当前角色移到参数所指定的位置。此积木有一个下拉列表参数，用于指定对象。如果"角色区"只有一个角色，那么下拉列表仅包含"随机位置"和"鼠标指针"两个选项；如果有两个或两个以上角色，那么下拉列表中会增加除本角色以外的其他角色名称选项。

面向 鼠标指针▾ 积木属于"运动"分类。此积木有一个下拉列表参数，用于指定对象。如果"角色区"只有一个角色，那么下拉列表仅包含"鼠标指针"一个选项；如果有两个或两个以上角色，那么下拉列表中会增加除本角色以外的其他角色名称选项。

下拉列表参数虽然也是圆角矩形的"数据参数"，但可供设置的选项是有限的，用户只可以在这些选项中选择。

11.1.2 准备工作

1. 设置舞台背景

在本课范例作品中，气球四处飘动，会飘动到不同的户外场景中，所以我们需要给舞台添加多个户外背景图片。本范例添加了3张背景图片，操作方法如下。

首先，我们单击舞台背景区的 按钮，在上拉列表中单击 选项，出现"选择一个背景"对话框，找到背景"Wall 2"并选中，"Wall 2"背景就添加完成了。用同样的方法添加舞台背景"Bench With View""Garden-rock"等户外场景的背景图片。最后删除默认的空白背景图片，如图11-2所示。

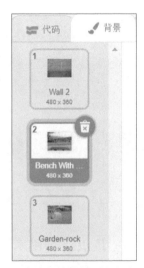

图11-2　添加3张背景图片

2. 添加角色

在本课范例作品中，小猫是一个角色，气球也是一个角色。在我们打开 Scratch 3 软件时，会默认生成"小猫"角色，所以我们只需要添加气球"Balloon1"角色。

我们单击角色区的 按钮，在上拉列表中选择 选项，出现"选择一个角色"对话框，选择"Balloon1"图片，完成"Balloon1"角色的添加，并将其重命名为"小猫""气球"，如图 11-3 所示。

图11-3 添加气球角色

练一练 运用上文中的方法给舞台添加一个新的户外背景图片并增加一个蝴蝶"Butterfly 1"角色。

11.1.3 绘制流程图

想要制作"小猫捉气球"的动画，我们需要对每个角色的动作进行分析与梳理，具体分析如表 11-1 所示。

1. 绘制气球角色的动作程序流程图

气球飘到户外场地并移动到随机位置，程序流程图如图 11-4 所示。

2. 绘制小猫角色的动作程序流程图

小猫首先要面向气球，然后移动 100 步，

表 11-1 各角色和动作分析

角色	动作分析
气球	切换背景，移动到随机位置
小猫	面向"气球"角色，移动合适的距离

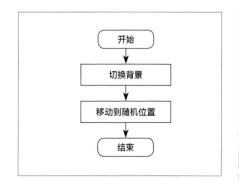

图11-4 气球角色的动作程序流程图

从而实现小猫捉气球的动画。为了实现该效果，需用到"面向角色"积木，但该积木会让角色发生旋转。为了让"小猫捉气球"的动画更为真实，需将旋转方式设为"左右翻转"，程序流程图如图11-5所示。

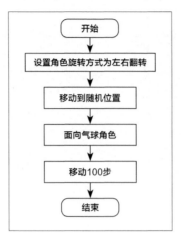

图11-5　小猫角色的动作程序流程图

试一试　每天晚上你都要整理明天上学所需的学习用品，尝试将整理的步骤用程序流程图画出来吧！

11.1.4　编写气球角色的代码

我们可以对照程序流程图编写代码，为了让小猫能不停地捉气球，可使用 积木启动代码，从而实现每按一次空格键，气球就移动一次，我们可以不停地按空格键，气球就会不停地随机移动。

我们若想实现气球在舞台区随机飘动的动画，在"运动"分类中有两个相关积木，分别是 移到 随机位置 和 在 1 秒内滑行到 随机位置 积木。为了让气球有飘动的动态效果，可拖曳"外观"分类中的 在 1 秒内滑行到 随机位置 积木到代码区。

气球在飘动时会飘到不同的场景，我们可添加 下一个背景 积木切换舞台背景，如图11-6所示。

图11-6　气球角色的代码

试一试　将 下一个背景 积木换成 换成 背景1▼ 背景 积木可以吗？为什么？

11.1.5　编写小猫角色的代码

1. 确定启动方式

为了让小猫能不停地捉气球，我们同样需要使用 当按下 空格▼ 键 积木启动代码，从而实现每按一次空格键，气球就随机移动一次，小猫也面向气球追逐一次。只要多次按下空格键，小猫就能不停地追逐气球，从而实现"小猫捉气球"的动态效果。

2. 让小猫面向气球

我们选中"小猫"角色，拖曳"外观"分类中的 面向 鼠标指针▼ 积木到代码区，单击该积木右边的白色小三角，在下拉列表中单击"气球"选项，表示小猫面向的对象是"气球"。我们每按一下空格键，小猫就会面向气球进行转向，如图11-7 所示。

图11-7　小猫面向气球的代码

3. 设置小猫的旋转方式

"面向气球"积木会让小猫发生任意旋转，为了更好地表现"小猫捉气球"

效果，我们可用  积木设置小猫的旋转方式为"左右翻转"。

为了增加"小猫捉气球"的真实感，实现小猫跟着气球移动，我们可用 积木。在本范例作品中，建议将移动步数改为100，小猫角色的代码如图11-8所示。

图11-8　小猫角色的代码

11.1.6　调试程序

在运行以上代码时，我们会发现小猫和气球的运动并不同步，其原因是程序在运行时，小猫和气球的代码是同步运行的，小猫面向的是上一次气球停留的位置。为解决这一问题，可在小猫面向角色气球之前加 积木，让气球移动到随机位置之后小猫再执行 和 积木，修改后小猫角色的代码如图11-9所示。

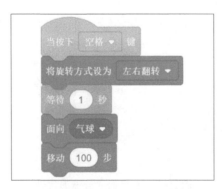

图11-9　修改后的小猫角色的代码

试一试　在本课范例作品中，我们若将气球代码中的 积木换成 积木，动画效果会是什么样？

11.2 课程回顾

课程目标	掌握情况
1. 理解"将旋转方式设为"积木的作用并能掌握使用方法	☆ ☆ ☆ ☆ ☆
2. 理解"面向鼠标指针"与"面向角色"积木的区别及不同的应用场景	☆ ☆ ☆ ☆ ☆
3. 进一步认识并掌握简单程序流程图的绘制方法	☆ ☆ ☆ ☆ ☆
4. 掌握"移到随机位置"和"在1秒内滑行到随机位置"的使用方法与区别	☆ ☆ ☆ ☆ ☆

 11.3 练习巩固

1. 单选题

（1）下面选项中，可以让角色移到随机位置的是（　　）。

　　A. 移动 10 步　　　　B. 右转 C 15 度　　　　C. 移到 随机位置 ▼　　　　D. 面向 90 方向

（2）下面选项中，（　　）积木可以使一个角色一直面向另一个随机移动的角色。

　　A. 碰到边缘就反弹　　　B. 面向 90 方向　　　C. 面向 鼠标指针 ▼　　　D. 面向 角色1 ▼

（3）在程序流程图中，（　　）表示执行工作环节。

　　A. 圆形框　　　B. 圆角矩形框　　　C. 矩形框　　　　D. 箭头

2. 判断题

（1）在角色小猫的代码中可以使用"下一个背景"积木。（　　）

（2）如果有两个或两个以上的角色，那么 面向 鼠标指针 ▼ 积木在下拉列表中会增加除本角色以外的其他角色名称选项。（　　）

（3）在 Scratch 3 中，可以使角色移动到随机位置的积木有两个。（　　）

3. 编程题

在本课范例作品的基础上，编写一个小狗追逐小猫玩耍的游戏，并在追逐时切换背景。

（1）准备工作

在角色库中添加小狗角色"Dog2"，在背景库中添加 2 张以上的户外背景图片，并删除空白的"背景 1"。

（2）功能实现

每次单击 Z 键运行代码，切换一次舞台背景， 小猫角色移动到随机位置，小狗角色面向小猫角色移动 100 步。

第12课 随音乐舞动——播放声音

小明的同学 Cassy 热爱舞蹈。清晨，她打开音箱，播放富有动感的音乐，并跟随着音乐跳起舞来。

本课我们将通过角色的"声音"选项卡认识 Scratch 3 的声音播放工具，使用"播放声音"积木实现播放音乐的功能，使用"下一个造型"积木实现角色随着音乐舞动，作品效果如图 12-1 所示。

图12-1 "随音乐舞动"范例作品

作品预览

 12.1 课程学习

12.1.1 相关知识与概念

1. 认识"声音"选项卡

在 Scratch 3 中，我们可使用"声音"选项卡添加、录制声音或上传本地声

音文件。启动 Scratch 3 软件后，单击"声音"选项卡，我们就能看到默认"角色 1"自带的声音（声音文件），如图 12-2 所示。

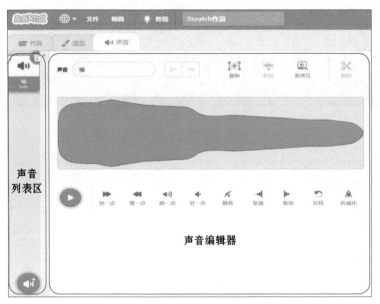

图12-2 "角色1"自带的声音

声音对话框左侧为"声音列表区"，显示角色或背景已添加的声音文件，单击 ⊕ 按钮可添加新的声音文件。右侧为"声音编辑器"，可对声音文件进行播放、编辑等操作，各类工具如表 12-1 所示。单击 ▶ 按钮播放声音，单击 ⏹ 按钮停止播放。

表 12-1 声音文件的播放和编辑工具

编辑工具	复制	粘贴	新拷贝	删除
播放工具	▶ 播放		⏹ 停止	
音效工具	快一点	慢一点	响一点	轻一点
	静音	渐强	渐弱	
	反转	机械化		

2. 认识新积木

播放声音 喵▼ 积木属于"声音"分类，用于播放角色声音列表区所选的声音文件。

停止所有声音 积木属于"声音"分类，用于停止所有正在播放的声音文件。

试一试　分别单击 ⏩ 快一点 、⏪ 慢一点 、🔊 响一点 、🔉 轻一点 、🚫 静音 、📈 渐强 、📉 渐弱 、🔁 反转 、🤖 机械化 等按钮，聆听声音变化。

12.1.2　准备工作

1. 设置舞台背景

我们需要编写"随音乐舞动"的动画，首先需要添加名为"Mural"的舞台背景图片。单击舞台背景区的 🖼 按钮，在上拉列表中单击 🔍 选项，从"选择一个背景"对话框中添加名为"Colorful city"的舞台背景图片，并删除软件默认的空白舞台背景图片。

2. 添加角色

之后我们单击角色区的 🐱 按钮，在上拉列表中单击 🔍 选项，从"选择一个角色"对话框中单击"人物"类别，添加文件名为"Cassy Dance"的图片，调整"Cassy Dance"在舞台区的位置，将角色重命名为"Cassy"，并删除软件默认的"角色1"小猫。

做一做　请你说出"Cassy"角色自带的声音文件名。

12.1.3　编写代码——随音乐舞动

通过观察，我们发现"Cassy"角色共有 4 个造型，4 个造型依次切换，完成一组舞蹈动作。"Cassy"角色自带声音文件，我们选中"Cassy"角色，单击"声音"选项卡，可以看到角色自带的声音文件名为"dance around"，然后单击 ▶ 按钮播放，可以听到声音。在"声音编辑器"中，我们可以看到该声音文件的波形，如图 12-3 所示。

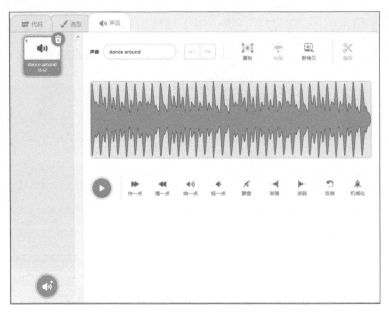

图12-3　播放"dance around"声音文件

1. 播放声音

我们想播放声音"dance around"，编写如图 12-4 所示代码的操作方法如下。

选中"Cassy"角色，拖曳"声音"分类中的 播放声音 dance around ▼ 积木至代码区，与 当 被点击 积木组合，如图 12-4 所示，单击 ▶ 按钮即可播放"dance around"声音文件。

图12-4　播放声音的代码

2. 随音乐舞动

为了实现"Cassy"角色随音乐舞动，我们可将 4 组 下一个造型 等待 1 秒 代码组合，并拖曳至 播放声音 dance around ▼ 下方，代码如图 12-5 所示。

图12-5 "Cassy"角色随音乐舞动的代码

试一试

在图 12-5 所示的代码中，等待1秒 积木起什么作用？如需让 Cassy 跳舞的节奏变慢，应该怎么调整？

12.1.4 调试程序

单击 🏳 按钮，观察角色的动作，我们发现 Cassy 的舞蹈动作与音乐节奏不合拍，这就需要不断调整 等待1秒 积木的时间参数，找到最合拍的时间参数。经反复调试，时间参数调整为 等待0.3秒 时，Cassy 的舞蹈动作与音乐最合拍。

运行代码，我们发现角色的动作结束时，音乐却还在播放。我们需要在"声音"分类中选择 停止所有声音 积木，组合在上一组代码末端，表示角色的动作结束时音乐停止，代码如图 12-6 所示。

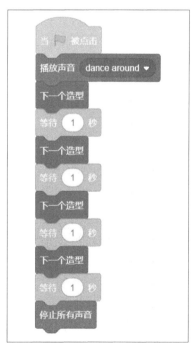

图12-6 "Cassy"角色随音乐舞动的最终代码

试一试 在本课介绍的代码中，播放声音 dance around 积木能否改成 播放声音 dance around 等待播完 积木？请说出你的理由。

12.2 课程回顾

课程目标	掌握情况
1. 认识"声音"选项卡，学会对声音文件的基本操作，了解声音的波形	☆ ☆ ☆ ☆ ☆
2. 认识并学会使用"播放声音""停止所有声音"积木	☆ ☆ ☆ ☆ ☆
3. 掌握角色造型的变换和声音之间的联动关系	☆ ☆ ☆ ☆ ☆

12.3 练习巩固

1．单选题

（1）在 Scratch 3 中，可以使用（　　）分类的积木播放声音。

　　A. 运动　　　　　　B. 外观　　　　　C. 画笔　　　　D. 声音

（2）在 Scratch 3 中，播放声音可以使用（　　）积木。

　　A. 将音量设为 100 %　　　B. 播放声音 喵▾　　　C. 停止所有声音　　　D. 清除音效

2．判断题

（1）在 Scratch 3 中，播放声音只能使用 播放声音 喵▾ 积木。（　　）

（2）使用 清除音效 积木可以停止所有声音。（　　）

（3）在 Scratch 3 中，每个角色只能有一个声音。（　　）

3．编程题

编写一个小熊伴随脚步声从左到右走过舞台区的程序。

（1）准备工作

删除软件默认的"角色1"小猫，添加名为"Bear-walking"的图片作为新角色，并将其重命名为"小熊"。

（2）功能实现

程序运行后，"小熊"角色从舞台左侧进入，走到舞台右侧，每走一步，响一声脚步声。

第13课 随陨石移动 ——跟随鼠标

公元3020年，人类的航天技术突飞猛进，人们纷纷进入外太空观光、游玩。小猫也跟随自己的主人一起来到外太空。正当大家玩得兴致勃勃的时候，小猫发现有一颗陨石突然消失了，并且会随机出现在太空中的任意位置。于是小猫肩负起观察并追踪陨石位置的重任，作品展示如图13-1所示。

我们可以使用"面向"积木实现陨石跟随鼠标指针移动和小猫跟随陨石移动的效果。通过导入新的声音，小猫在移动前会通过无线电波不断地发出微弱的声音信号，可以让人类接收陨石移动的位置。

图13-1 "随陨石移动"范例作品

作品预览

 13.1 课程学习

13.1.1 相关知识与概念

1. 添加新声音

在Scratch 3中，除了可以使用软件自带的声音，我们还可以导入新的声音

文件。单击  按钮，可以看到 4 种添加新声音的方法，如表 13-1 所示。

表 13-1　添加声音文件的 4 种方法

方法	选项	名称	功能
1	🔍	选择一个声音	单击此按钮，可从声音库中选择声音文件
2	🎤	录制	单击此按钮，可利用计算机连接的话筒（麦克风）录制声音
3	✨	随机	单击此按钮，可从声音库中添加随机的声音
4	⬆	上传声音	单击此按钮，可以添加本地计算机中的声音文件

　　添加声音库中的声音可按以下方法操作。选中角色，单击"声音"选项卡，单击声音列表区底部的 🔊 按钮，在上拉列表中单击 🔍 选项，弹出"选择一个声音"对话框，声音库中提供了"动物""效果""可循环"等 10 类声音文件，可以单击声音右上角的 ▶ 按钮试听，如图 13-2 所示。

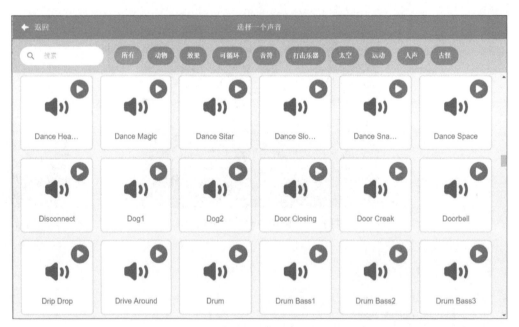

图13-2　试听声音效果

　　试听后选择文件并单击，该声音将会被添加至"声音列表区"中，如图 13-3 所示。

图13-3　添加至"声音列表区"

2. 认识新的积木

将音量设为 100 % 积木属于"声音"分类，可设置声音播放的音量大小。

13.1.2　准备工作

1. 设置舞台背景

本课范例作品是"随陨石移动"，陨石在广袤无垠的宇宙中随机出现，我们需要分别添加名为"Galaxy"和"Nebula"的宇宙背景图片。

单击舞台背景区的 按钮，在上拉列表中单击 选项，在"选择一个背景"对话框中单击"太空"类别，分别选择"Nebula""Galaxy"背景图片，同时删除软件默认的空白背景图片，如图 13-4 所示。

图13-4　添加2张背景图片

2. 添加角色

Scratch 3软件启动后，默认生成了"角色1"小猫，我们只需要添加"陨石"角色。单击角色区的 按钮，在上拉列表中单击 选项，在"选择一个角色"对话框中添加名为"Rock"的图片，并分别将角色重命名为"小猫"和"陨石"。

13.1.3 编写代码——陨石随鼠标指针移动

在本课范例作品中，陨石跟随鼠标指针的位置移动，在移动过程中，始终以自西向东的方向自转。为了方便操控，我们选择以 积木启动"陨石"角色的代码。

1. 跟随鼠标指针位置移动

选中"陨石"角色，将 积木拖曳至代码区，单击积木中右边的白色小三角按钮，在下拉列表中将原参数"随机位置"改为"鼠标指针"，如图13-5所示。

图13-5 选择"鼠标指针"选项

2. 让陨石旋转

为了实现陨石自西向东旋转，我们需要添加 积木。陨石旋转一周为360°，可设置每次旋转90°，一共旋转4次。为了呈现陨石动态旋转的效果，需要添加 积木。陨石旋转一周需添加4组 代码。陨石跟随鼠标

指针移动的代码如图 13-6 所示。每按一次空格键，"陨石"即跟随鼠标指针移动并旋转 1 周。

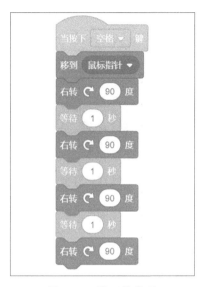

图13-6　陨石的代码

3．单击陨石切换背景

陨石在宇宙中不停地移动，单击陨石即可切换不同的背景，表示陨石移动到宇宙的不同地方，代码如图 13-7 所示。

图13-7　单击陨石切换背景的代码

13.1.4　编写代码——小猫跟随陨石移动

1．小猫跟随陨石移动

陨石随鼠标指针出现在舞台区中，小猫根据陨石移动的位置调整自己的方向并跟随陨石移动。

我们选中"小猫"角色，修改 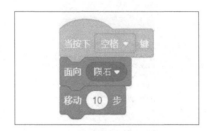 积木的参数为"陨石"，修改后的积木为 ，表示小猫始终面向陨石。为了实现小猫跟着陨石移动，添加 积木，小猫跟随陨石移动的代码如图 13-8 所示。

图13-8　小猫跟随陨石移动的代码

2. 小猫在太空中发出声音信号

选用声音库中的"Space Flyby"声音文件作为小猫发出的声音信号，我们需要先删除小猫自带的声音文件，再从声音库中添加"Space Flyby"声音文件。

选中"小猫"角色，单击"声音"选项卡中的 按钮，在"选择一个声音"对话框中找到"Space Flyby"声音文件添加到"声音列表区"。单击"声音"积木分类，选择 积木嵌入"面向陨石"积木上方。为了表示小猫在宇宙中发出微弱的声音信号，修改 积木的参数为 80 并嵌入 积木下方，代码如图 13-9 所示。单击"空格键"运行代码，陨石边自转边移到鼠标指针位置，小猫通过无线电波发出声音信号并朝陨石移动。

图13-9　小猫在太空中发出声音信号的代码

13.1.5 调试程序

在多次运行程序后，我们发现如果单击"空格键"的频率过快，陨石跟着鼠标指针移动时会有延时。在分析代码后发现陨石旋转时等待时间较长，经测试，将时间参数修改为 0.1 秒比较合适。同时小猫面向陨石后移动不明显，需增加移动步数，将原来的 10 步改成 80 步。经过多次调试运行，整个动画变得很顺畅，最终代码如图 13-10 所示。

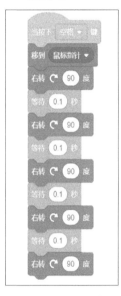

图13-10 最终的代码

 练一练 编写完图 13-10 所示代码后，将鼠标指针移至舞台任意位置，按空格键启动程序，观察陨石的运动轨迹。

13.2 课程回顾

课程目标	掌握情况
1. 初步掌握添加声音文件的方法	☆ ☆ ☆ ☆ ☆
2. 理解和掌握"面向鼠标指针"积木的作用及设置方法	☆ ☆ ☆ ☆ ☆
3. 学会使用设置音量大小的积木，了解该积木的作用	☆ ☆ ☆ ☆ ☆
4. 掌握启动代码的多种方式	☆ ☆ ☆ ☆ ☆

13.3 练习巩固

1. 单选题

（1）在 Scratch 3 中，"角色 1"可以使用（   ）分类的积木完成面向舞台中的"角色 2"。

　　　　A. 移动　　　　　　B. 外观　　　　　C. 画笔　　　D. 扩展

（2）下面的（   ）积木可以将角色移到舞台中鼠标指针的位置。

　　A. 面向 鼠标指针▼　　B. 移到 随机位置▼　　C. 当 被点击　　D. 移到 x: 0 y: 0

（3）为了让角色发出的声音减弱，如何设置 将音量设为 100 % 积木？（   ）

　　　　A. 放在"播放声音××"积木上方

　　　　B. 放在"播放声音××"积木上方，并设置音量参数 <100

　　　　C. 放在"播放声音××"积木下方

　　　　D. 放在"播放声音××"积木下方，并设置音量参数 <100

2. 判断题

（1） 面向 鼠标指针▼ 积木可以让角色面向鼠标指针或舞台中的任意一个角色。

　　　　　　　　　　　　　　　　　　　　　　　　（   ）

（2）Scratch 3 没有录制外部声音的功能。（   ）

（3）一个角色能添加多个声音文件。（   ）

3. 编程题

编写小猫捉老鼠的程序。

（1）准备工作

删除在舞台区软件默认的"角色 1"小猫，从角色库中添加名为"Cat 2"和"Mouse1"的角色。

（2）功能实现

按下"空格键"运行代码，"Mouse1"角色移到鼠标指针位置，"Cat 2"角色面向"Mouse1"角色，并在 1 秒内移动到角色"Mouse1"的位置。

第14课 舞台变变变
——编辑背景

一天，小猫趴在云上晒太阳，赏风景，看着下面绿油油的草坪，它的心情非常不错，时不时地唱着"喵"歌。可是它一不留神，便从云中坠落下来。这可把它吓坏了，发出"哇"的惊喊声，动画场景如图14-1所示。

使用Scratch3的"上传背景"功能，可以把从网上下载的图片用作动画的背景图片，使用"音效"积木可以实现小猫从云端跌落时发出的惊喊声。

图14-1 "舞台变变变"范例作品　　　　　　　　作品预览

 14.1 课程学习

14.1.1 相关知识与概念

1. 网上搜索背景

互联网中拥有丰富的文字、图片、声音、动画和视频等信息。搜索引擎是我

们在互联网上搜索信息时常用的工具，我们可以使用搜索引擎快速、方便地找到我们所需要的信息。

2．添加本地背景

单击舞台背景区的  按钮，选择 选项，将本地计算机中的图片上传，作为舞台的背景图片。

3．认识新积木

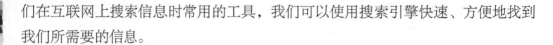 积木属于"声音"分类，用于调整声音播放的效果。

积木属于"声音"分类，用于清除所有已设置的音效。

> **试一试** 在网上分别搜索以蓝天白云和以草地为主题的图片并保存在计算机中，将图片文件命名为"天空"和"草地"。

14.1.2 准备工作

1．设置舞台背景

多样化的舞台背景可以让角色上天入地，Scratch 3 提供的背景图片非常有限，很难满足我们的创作需求。制作本课范例作品"舞台变变变"，需要我们在互联网中搜索、下载合适的图片，将图片设置为舞台背景。

2．添加角色

本课范例作品的小猫图片不是默认的"角色1"小猫，而需要使用角色库中的"Cat Flying"。单击角色区的 按钮，在上拉列表中单击 选项，在"选择一个角色"对话框中单击"动物"类别，添加名为"Cat Flying"的角色，将其命名为"小猫"，并删除默认的"角色1"小猫。

> **想一想** Scratch 3 舞台的分辨率为 480 像素 ×360 像素，在设置背景时，图片的分辨率为多大比较合适？

14.1.3 从网上搜索背景图片

通过百度搜索引擎搜索、下载"天空"和"草地"的背景图片。

1. 使用百度搜索引擎搜索图片

我们首先打开百度搜索引擎，在搜索框中输入要查找的关键词，输入文字"背景 卡通"，单击"百度一下"按钮，页面更新为与"背景 卡通"相关信息与链接（见图14-2）。找到"天空"的缩略图（如果找不到，可增加关键词"天空"，重新搜索），单击打开新页面，出现包含"天空"图片的网页。

图14-2 使用百度搜索引擎搜索背景图片

2. 下载图片

将鼠标指针移至"天空"图片并单击鼠标右键，在下拉列表中选择"图片另存为"选项，弹出"另存为"对话框，如图 14-3 所示。

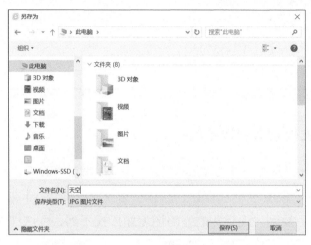

图14-3　图片"另存为"对话框

选择图片的保存路径，在"文件名"文本框中输入文件名"天空"，单击"保存"按钮，即可将图片下载到本地计算机中。我们可用同样的方法下载"草地"图片，如图14-4所示。

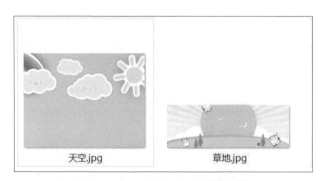

图14-4　保存到计算机中的背景图片

14.1.4　编辑图片

我们下载的背景图片不一定与Scratch 3舞台大小完全匹配，需要使用"绘图编辑器"进行编辑，调整图片的大小。

1. 添加本地背景

单击舞台背景区的 按钮，在上拉列表中单击 选项，选择保存图片的位置，如图14-5所示，找到并选中"天空"图片，单击"打开"按钮，"天空"

图片将被作为背景图片添加到舞台背景区。

图14-5 添加图片作为舞台背景

2. 编辑背景图片——天空

在舞台背景区单击背景缩略图，选择"背景"选项卡，在"绘图编辑器"中发现下载的"天空"图片分辨率太小，我们需要将它放大。首先，单击 ▭ 转换为矢量图 ，将图片转为矢量图，选择 ▮ 工具将图片选中，出现 8 个控点，如图 14-6 所示。拖动控点调整图片大小，让它充满整个舞台。

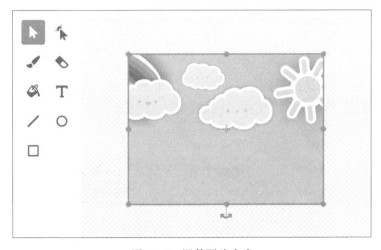

图14-6 调整图片大小

3. 编辑背景图片——草地

用同样的方法添加"草地"图片，首先将它转为矢量图，发现该图片与舞台

长宽比例不一致，如图 14-7 所示。

图14-7　图片与舞台长宽比例不一致

　　将图片选中后，拖动 4 个角上的控点将图片按比例放大，此时图片的宽度已超出绘图编辑区的宽度。之后我们可以多次拖动图片，调整图片在舞台区的位置。在拖动图片时要观察"草地"图片在舞台区的显示效果，选择最适合的区域作为本课范例的动画场景，如图 14-8 所示。

图14-8　选择适合的场景

试一试　添加本地背景图片"草地"后，如果不选择矢量图模式进行改变大小的操作，会有何不同？

14.1.5 编写代码

1. 小猫"唱歌"代码

根据本课范例，小猫趴在云端会时不时地唱歌。

首先，在舞台区选中小猫，将它拖至云朵上。然后，单击"声音"选项卡，删除自带的"Pop"声音文件，单击 🔊 按钮添加"Meow"（喵）的声音文件。最后拖曳 `播放声音 Meow 等待播完` 积木至代码区，与 `当被点击` 组合。小猫唱歌的代码如图14-9所示。

图14-9　小猫唱歌的代码

2. 编写小猫跌落代码

根据本课范例，小猫从云上跌落，最终落到草地上。

为了更好地展现故事情景，我们拖曳 `移到最下一层` 积木和 `面向 180 方向` 积木到代码区组合，并将 `下一个造型` 积木拖曳到代码区。以上操作用于展现小猫在掉落时方向朝下，并切换掉落的姿势，我们可将小猫切换为"Cat Flying-b"造型。

由于受到惊吓，小猫发出的"喵"的声调会发生变化，分别拖曳 `将 音调 音效设为 100`、`播放声音 Meow 等待播完` 积木到代码区，修改音调参数值为"60"。并在 `播放声音 Meow 等待播完` 的前后分别添加 `移动 10 步` 和 `等待 1 秒` 积木，修改 `移动 10 步` 积木参数为200和100，表示小猫掉落的过程中发出"喵"的叫声。小猫从云端掉下的代码如图14-10所示。

想一想　如改变 `将 音调 音效设为 60` `播放声音 Meow 等待播完` 代码的组合顺序，`将 音调 音效设为 60` 积木能起作用吗？请说出你的理由。

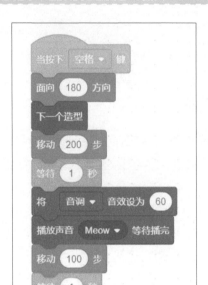

图14-10　小猫从云端掉下的代码

3. 搭建舞台代码

按空格键，小猫开始跌落，舞台背景切换为"草地"图片，为了实现角色和背景的同步切换，我们可以使用  切换舞台背景，切换草地舞台背景的代码如图 14-11 所示。

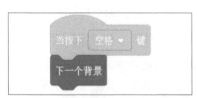

图14-11　切换草地舞台背景的代码

14.1.6 调试程序

再次运行程序，我们发现小猫无法回到初始位置，造型也变为跌落时的"Cat Flying-b"造型，而且背景也无法恢复"白云"的背景图片，针对以上问题，我们需要对程序进行初始化。

1. 小猫初始化

使用 ![换成 造型1▼ 造型] 积木锁定小猫初始造型 "Cat Flying-a",使用 ![面向 90 方向] 积木设置小猫回到初始朝右的状态。使用 ![清除音效] 积木清除音效,并将以上3个积木嵌入图 14-9 中的 ![当▣被点击] 积木之后,修改后的代码如图 14-12 所示。

图14-12　小猫初始化的代码

2. 舞台初始化

运行代码,舞台背景应为"天空",我们选择 ![当▣被点击] 积木启动舞台初始化代码,插入 ![换成 天空▼ 背景] 积木,舞台初始化代码如图 14-13 所示。

图14-13　舞台初始化代码

想一想　在搭建积木时,初始化角色和舞台的目的是什么?

14.2 课程回顾

课程目标	掌握情况
1. 掌握在互联网中搜索、下载图片的基本操作方法	☆ ☆ ☆ ☆ ☆
2. 掌握在Scratch 3中添加本地背景图片的操作方法，学会使用"绘图编辑器"对图片进行处理	☆ ☆ ☆ ☆ ☆
3. 掌握设置声音、音调、音效和清除音效的方法	☆ ☆ ☆ ☆ ☆
4. 初步掌握多个角色代码的调试与修改方法	☆ ☆ ☆ ☆ ☆

 14.3 练习巩固

1. 单选题

（1）下面的（　）积木可以设置音调音效。

A. 将 音调▾ 音效设为 100　　B. 播放声音 喵▾ 等待播完　　C. 将音量设为 100 %　　D. 播放声音 喵▾

（2）在矢量图模式下，下面的（　）工具可以实现对绘图编辑区中的图片进行任意变形操作。

A. ↖　　　　　　B. □　　　　　　C. ⚟　　　　　　D. ○

（3）在编写代码时，需对（　）进行初始化。

A. 角色　　　　　B. 舞台　　　　　C. 位置　　　　　D. 以上都是

2. 判断题

（1）在Scratch 3中，可以通过 🖼 按钮中的 ⬆ 选项添加本地图片作为舞台背景。（　）

（2）在舞台背景图片中的位图和矢量图没有区别。（　）

（3）从本地计算机添加的舞台背景图片不能进行修改。（　）

3. 编程题

制作一个汽车在高速公路上行驶的动画。

（1）准备工作

在互联网中搜索与高速公路相关的图片，保存至本地计算机。添加角色库中的"Convertible 2"汽车为角色，将其重命名为"汽车"，调整它在舞台区的位置，删除软件默认生成的"角色1"小猫。添加角色库中的"Avery Walking"人物造型作为行人角色。

（2）功能实现

添加高速公路图片作为舞台背景，编写汽车在高速公路行驶的代码。当汽车遇到行人时，马上刹车，并发出急刹车的声音。

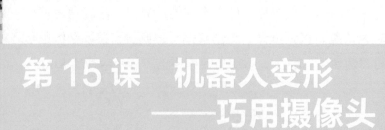

第15课 机器人变形
——巧用摄像头

小明有很多精美的玩具，他最喜欢的就是机器人，特别是一个能变形为救护车的机器人。现在小明有个想法，想让这个机器人表演一段舞蹈。于是他设计了一个机器人跳舞的动画程序，作品效果如图 15-1 所示。

使用"摄像头"功能拍摄机器人的不同造型照片，通过"绘图编辑器"对造型进行调整与完善，使用"下一个造型""播放声音"等积木，制作机器人在舞台上跳舞的动画。

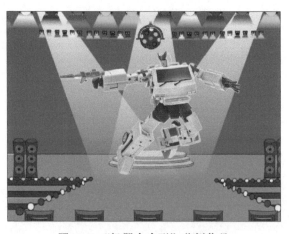

图15-1 "机器人变形"范例作品

作品预览

 15.1 课程学习

15.1.1 相关知识与概念

1. 用"摄像头"功能添加造型

摄像头是一种输入设备，我们使用它可获取外部图像。在 Scratch 3 中，我

们可以利用"摄像头"功能调用计算机的摄像头设备，拍摄照片，并将照片保存为角色的造型图片。

2．添加本地声音

本地声音是指保存在计算机中的声音文件。添加本地声音是利用"声音"选项卡中的 ⬆ 选项将本地声音文件上传到某个角色或背景中，如图 15-2 所示。

图15-2　上传本地声音文件

15.1.2　准备工作

设置舞台背景

本课范例作品是"机器人变形"，我们需要添加名为"Spotlight"的舞台背景图片。单击舞台背景区的 ⬤ 按钮，在上拉列表中单击 🔍 选项，在"选择一个背景"对话框中单击"音乐"分类，添加名为"Spotlight"的舞台背景图片，并同时删除软件默认的空白舞台背景。

试一试　你能从网上下载多张图片，为"机器人"创建多姿多彩的舞台背景吗？

15.1.3 创建机器人造型

本课范例作品的主角是机器人，使用摄像头设备拍摄并添加机器人的 4 个造型，如图 15-3 所示。

图15-3　机器人的4个造型

1. 使用摄像头获取造型图片

我们首先打开摄像头，确保它处于可用的状态。然后为机器人玩具摆出不同的动作，具体操作步骤如下。

首先，选中"角色 1"，单击"造型"选项卡，单击造型列表区的  按钮，在上拉列表中选择 █ 选项，如图 15-4 所示。

图15-4　选择"摄像头"选项

之后出现"拍摄"对话框，将准备好的"机器人"放在摄像头前，调整它的姿势和位置，单击 ◎ 按钮拍摄机器人照片，单击"保存"按钮，完成"机器人"造型的添加，如图 15-5 所示。为了遮挡出现在镜头中的无用信息，建议在拍摄时在机器人后面加一张纯色纸，使机器人的背景为纯色，方便后期去除机器人的背景。

图15-5　添加机器人造型

2. 编辑造型

使用"绘图编辑器"的工具对拍摄的造型进行编辑，如修改大小、去除背景等。在本范例中利用 ✎ 工具擦除无用的背景，只保留机器人的造型，如图 15-6 所示。

图15-6　编辑"机器人"造型

运用以上操作方法，导入"角色1"的另外3个造型，将4个造型命名为"救护车""动作1""动作2"和"动作3"，如图15-7所示。之后将"角色1"重命名为"机器人"，最后删除软件默认生成的"角色1"小猫。

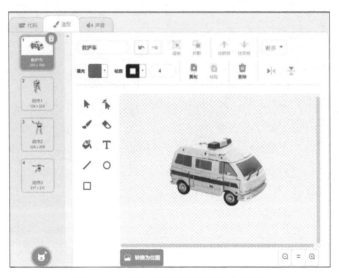

图15-7　添加"机器人"的4个造型

15.1.4　添加声音文件

本课范例需要为"机器人"配上出场音乐"纯音乐–救护车.mp3"和表演音乐"纯音乐–变形金刚3.mp3"，将音乐分别添加到"机器人"的声音列表区中，具体操作步骤如下。

选中"机器人"角色，单击"声音"选项卡，选择 ◀ 选项，在上拉列表中单击 ⬆ 选项，如图15-8所示。

图15-8　上传声音文件

之后出现"打开"文件对话框，选中文件名为"纯音乐 - 救护车 .mp3"的声音文件，如图 15-9 所示。单击"打开"按钮，完成声音文件的添加操作。

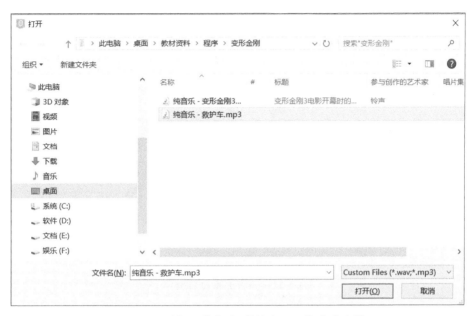

图15-9　添加"纯音乐–救护车.mp3"声音文件

在"机器人"声音列表区中，我们可以看到已上传的声音文件，如图 15-10 所示，单击 ▶ 按钮试听效果。重复上述操作，添加其他声音文件。

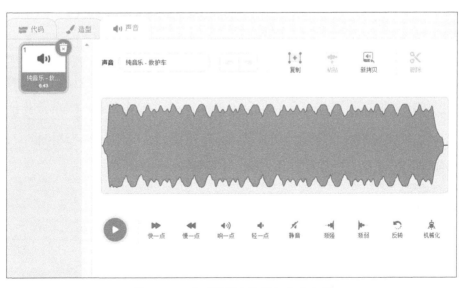

图15-10　为"机器人"添加声音文件

添加完成后，我们分别将声音文件重命名为"救护车"和"变形金刚"，如图 15-11 所示。

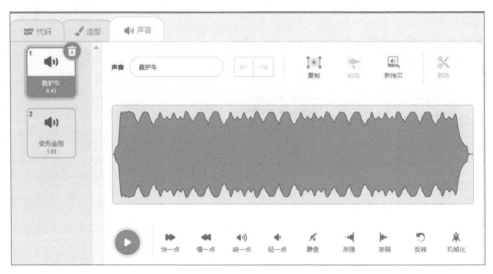

图15-11　声音的重命名操作

试一试　根据本课范例程序描述，分析机器人的表演动作，绘制关于机器人表演动作的程序流程图。

15.1.5　编写代码

本课范例作品分为两个部分，第一部分是机器人出场，角色要换成救护车的造型，并配上出场音乐；第二部分是机器人表演，通过切换角色造型进行表演，在表演时也配上音乐。根据以上分析，建议使用 [被点击] 和 [按下 空格键] 积木分别启动代码，其中，使用 [被点击] 积木启动机器人出场；使用 [按下 空格键] 积木启动机器人表演，按下空格键，机器人将变换不同的造型，具体搭建步骤如下。

1. 机器人出场

将 [播放声音 喵▼]、[换成 造型1▼ 造型] 积木中的参数设为"救护车"，并将它们与 [被点击] 积木组合，机器人出场的代码如图 15-12 所示。

图15-12　机器人出场的代码

2. 机器人表演

按下空格键，机器人在舞台区任意位置移动，同时切换造型，播放声音。

首先，使用 当按下 空格 键 积木启动代码，修改 换成 造型1 造型 积木的参数为"机器人"。为了显示机器人威武帅气的模样，可使用 在 1 秒内滑行到 随机位置 积木让机器人在舞台区任意移动。使用 下一个造型 积木实现机器人在移动过程中通过切换造型摆出不同的动作。机器人表演的代码如图 15-13 所示。

图15-13　机器人表演的代码

15.1.6 调试程序

多次运行程序，我们发现按下空格键时"救护车"声音仍在播放，我们需要在机器人表演前停止播放"救护车"的声音，可以将 停止所有声音 积木嵌入机器人表演代码中，修改后的代码如图 15-14 所示。

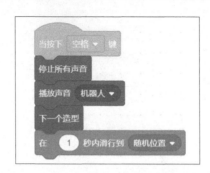

图15-14 修改后的机器人表演的代码

试一试 通过修改代码，让"机器人"角色动态出现。

 15.2 课程回顾

课程目标	掌握情况
1. 掌握使用"摄像头"功能添加角色造型的方法，学会使用"绘图编辑器"对图片进行处理	☆ ☆ ☆ ☆ ☆
2. 掌握通过"上传声音"给角色添加声音的方法	☆ ☆ ☆ ☆ ☆
3. 熟练掌握"停止所有声音"积木的使用方法	☆ ☆ ☆ ☆ ☆
4. 掌握对上传的声音文件进行试听和重命名等操作的方法	☆ ☆ ☆ ☆ ☆

 15.3 练习巩固

1. 单选题

（1）在 Scratch 3 中，一个角色可以有（　　）个声音。

    A. 2个　　　　　　B. 3个　　　　　　C. 多个　　　　　　D. 只能一个

（2）以下哪个积木可以让角色移动到随机位置？（　　）

    A. 面向 90 方向　　B. 碰到边缘就反弹　　C. 移到 随机位置　　D. 右转 15 度

（3）以下哪个按钮可以实现上传本地音乐？（　　）

    A. ⚡　　　　　　B. ⬆　　　　　　C. 🔍　　　　　　D. ⊖

2．判断题

（1）在 Scratch 3 中，可以使用摄像头添加角色造型。（　　）

（2）上传本地声音文件后可以对声音进行试听。（　　）

（3）只要有计算机，就能采集外部图像，作为角色的造型。（　　）

3．编程题

利用本课知识，用你的玩具制作一个关于动物园的动画。

（1）准备工作

① 利用"摄像头"功能添加 4 个小动物的角色，并对其造型进行编辑。

② 分别给每个角色添加声音。

③ 选择一个合适的舞台背景。

（2）功能实现

单击 🚩 运行程序，4 个动物依次在舞台区随机动态出现，出现时发出相应叫声。

第16课 小猫梦游记
——综合运用

一天，小猫在农场中躺着晒太阳，不一会儿就呼呼地睡着了。突然，小猫身上长出了一对美丽的翅膀，身体随着翅膀的舞动轻轻飞起，不一会儿就飞离了地球，在太空中飞舞，舞台效果如图16-1所示。

飞呀飞呀，小猫的翅膀突然不见了，然后它竟然长出了一条蓝色的大尾巴。小猫来到了波光粼粼的大海中，借助尾巴在大海中自由自在地游动。突然迎面游来了一条大鲨鱼，鲨鱼张开大嘴向它游过来，小猫顿时"喵"地叫了起来，从梦中惊醒。虽然小猫被鲨鱼吓醒了，但它心里还是美滋滋的，因为这是一次神奇的旅行！

图16-1 "小猫梦游记"范例作品

作品预览

 ## 16.1 课程学习

16.1.1 整体分析

根据本课范例，我们需要为小猫赋予不同的造型，如睡觉、长翅膀、长尾巴

和睁眼等，这些造型都需要使用软件的"绘图编辑器"对角色库中的造型进行设计与加工。而农场、太空、海底等背景图片在软件的背景库中都可以找到，我们直接添加即可。为了方便切换场景，我们可以使用 4 个数字键"1""2""3""4"分别启动不同的场景。之后运用已学知识实现小猫在各场景中切换动作，让小猫经历奇妙的梦境。

根据以上分析，小猫在各场景的启动方式、造型、动作和背景如表 16-1 所示。

表 16-1　"小猫梦游记"整体分析

启动方式	角色的造型	动作	场景
当按下 1 键		小猫呼呼地睡着了	
当按下 2 键		小猫在太空中飞舞	
当按下 3 键		小猫在大海中游动，看到鲨鱼就发出"喵"叫声；鲨鱼面向小猫扑过来	
当按下 4 键		小猫被吓醒，鲨鱼瞬间消失	

试一试　根据以上分析，请你尝试为小猫绘制各场景的程序流程图。

16.1.2　准备工作

1. 设置舞台背景

为制作"小猫梦游记"动画，我们需要添加 3 张背景图片，如表 16-1 所示。

单击舞台背景区的  按钮，在上拉列表中选择  选项，在"选择一个背景"对话框中添加名为"Farm""Space""UnderWater 1"的舞台背景图片，并分别将舞台背景图片重命名为"农场""宇宙"和"海底"，同时删除软件默认的空白背景图片。

2. 添加角色

根据范例情境需要，添加小猫和鲨鱼角色。其中小猫不是软件默认生成的"角色1"小猫，而是角色库中的"Cat Flying"。单击  按钮，在上拉列表中选择  选项，在"选择一个角色"对话框中单击"动物"类别，选择"Cat Flying"，并将其重命名为"小猫"，同时删除软件默认生成的"角色1"小猫。使用同样的方法添加新角色"Shark 2"，并将其角色重命名为"鲨鱼"。

16.1.3 创建小猫的造型

根据范例，我们需要为小猫创建4个造型，分别是睡觉、长翅膀、长尾巴和睁眼。根据表16-1的分析，睡觉和睁眼造型具有一定的相似性，可以使用复制功能，复制"Cat Flying-a"创建新的造型。长翅膀和长尾巴造型与"Cat Flying-b"也有相似点，可以复制"Cat Flying-b"造型创建新的造型。造型创建完成后，分别将造型重命名为"睡觉""长翅膀""长尾巴"和"睁眼"，如图16-2所示。

在此基础上，使用 Scratch 3 软件的"绘图编辑器"修改不同场景中的小猫造型，如图16-3所示，具体操作步骤如下。

图16-2 用复制功能创建小猫的造型

图16-3 小猫的4个造型

1．睡觉的小猫

首先，选中"小猫"角色，单击"造型"选项卡，选中"睡觉"造型，在"绘图编辑器"中选择 ⬚ 工具将小猫的"眼睛"选中并删除。然后，选择 ✐ 工具、设置笔粗细为 5，颜色为黑色，为小猫画上弯弯的眼睛，宛如小猫睡着的模样，如图 16-4 所示。

图16-4　编辑小猫睡觉的造型

为了表现小猫在睡觉时打呼噜，可用 "Z" 字符。因此我们需要两个小猫睡觉的造型，同样用复制功能将睡觉造型复制为新造型，软件自动将造型命名为"睡觉 2"。使用 ✐ 工具分别在"睡觉""睡觉 2"造型的不同位置画"Z"字符，如图 16-5 所示，切换造型就可以制作出小猫睡觉打呼噜的动画。

图16-5　小猫睡觉的造型

2．长翅膀的小猫

使用"绘图编辑器"中的绘图工具为小猫画上翅膀。我们首先选中"长翅膀"造型，选择 ✐ 工具，设置笔粗细为 4，为小猫画上一对翅膀。然后填充颜色并画上花纹。最后选中小猫的右手，单击 ⬆ 往前放 按钮，让小猫置于图层前端，如图 16-6 所示。

图16-6　为小猫画翅膀

3．长尾巴的小猫

选中"长尾巴"造型，选择　　工具，设置笔粗细为4，颜色为淡蓝色，为小猫画上尾巴，并填充颜色，如图16-7所示。

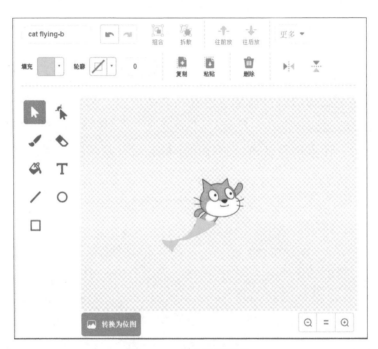

图16-7　为小猫画尾巴

想一想　你能否将新增的"Z"造型作为新角色添加在小猫睡觉的动画中呢？

16.1.4　编写代码——小猫的奇妙梦境

为了方便操控动画程序，可使用数字键"1""2""3""4"分别启动小猫

的 4 个场景。具体操作步骤如下。

1．小猫睡觉

使用 积木，当按下数字键 1 时，启动小猫睡觉代码。首先，根据范例需要应使用 换成 农场 背景 积木换成"农场"背景。然后，在舞台区将小猫移到农场的小屋前，添加 换成 睡觉 造型 和 换成 睡觉2 造型 积木，设置小猫睡觉的造型。为了呈现小猫睡着的效果，在 2 个积木间可添加 等待 1 秒 积木，小猫在农场睡觉的代码如图 16-8 所示。

图16-8　小猫在农场睡觉的代码和场景

2．梦境1——小猫飞向宇宙

使用 积木，当按下数字键 2 时，启动小猫飞向宇宙的代码。我们首先设置背景为宇宙，添加 换成 宇宙 背景 积木。为了让小猫有在太空中飞翔的感觉，我们可以使用 换成 长翅膀 造型 积木，同时修改小猫飞翔的方向，设置 面向 90 方向 积木的参数为 45。最后，为了表现小猫飞翔的动态效果，使用 3 组 移动 10 步 等待 1 秒 代码并调整移动参数，小猫飞向宇宙代码和场景如图 16-9 所示。

图16-9　小猫飞向宇宙的代码和场景

3．梦境2——小猫在海中游动

使用 [当按下 3 ▼ 键] 积木，当按下数字键3时，启动小猫在海中游动的代码。

（1）编写小猫在海中游动的代码

首先，使用 [换成 海底 ▼ 背景] 积木将舞台背景换为"海底"。参考范例作品，需要使用 [换成 长尾巴 ▼ 造型] 积木切换小猫的造型，同时使用 [面向 90 方向] 积木让小猫从左向右游动。

最后，为了表现小猫游动的动态效果，需要添加2组 [移动 10 步] [等待 1 秒] 代码，并调整积木的参数，小猫在海中游动的代码和场景如图16-10所示。

图16-10　小猫在海中游动的代码和场景

（2）编写鲨鱼的代码

因为鲨鱼和小猫同时出现在大海中，因此也可以使用  积木，当按下数字键 3 时，启动鲨鱼代码。

鲨鱼将从舞台右侧边缘向小猫"扑"过去。首先，选中鲨鱼角色，将鲨鱼移动至舞台区的最右侧，尽量将它隐藏起来。然后设置它的运动方向，将默认的向右运动调整为面向小猫角色运动。调整运动方向，积木为 面向 -90 方向 ；设置旋转方式，积木为 将旋转方式设为 左右翻转 ▾ 。最后添加 移动 10 步 积木并修改参数为 100，以表现鲨鱼扑向小猫的动作。代码如图 16-11 所示。

图16-11 鲨鱼扑向小猫的代码

（3）小猫发出"喵"的叫声

小猫看见鲨鱼发出"喵"的尖叫。选中"小猫"角色，单击"声音"选项卡，添加"Meow2"声音文件，删除角色自带的"pop"声音文件。单击 "代码"选项卡，将 播放声音 Meow2 ▾ 等待播完 积木组合在图 16-10 所示代码的末尾，以实现小猫看见鲨鱼后发出"喵"的叫声。

4. 小猫梦醒

添加 积木，当按下数字键 4 时，小猫从梦中惊醒，使用 换成 农场 ▾ 背景 积木，切回农场背景。同时，需要使用 换成 睁眼 ▾ 造型 积木，将小猫也切换为"睁眼"造型。修改 说 你好！ 2 秒 积木中的参数为"原来是一场梦啊！"。为了表现小猫从梦中醒来的效果，需添加 等待 1 秒 积木，小猫梦醒的代码如图 16-12 所示。

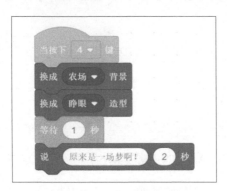

图16-12　小猫梦醒的代码

试一试　调试小猫和鲨鱼的代码，让小猫与鲨鱼碰面时发出"喵"的叫声。

16.1.5　调试程序

运行程序后，我们发现有以下问题：一是无论哪个场景，鲨鱼始终在舞台区边缘出现；二是小猫梦醒后，并没能回到原来睡觉的地方，分析代码后可以进行以下修改。

1. 添加石头图片

在3个场景中添加都能符合场景的图片用来遮挡鲨鱼，比如石头的图片。可以在角色库中添加"Rocks"，并将它移动至鲨鱼的初始位置来遮挡鲨鱼。

2. 添加小猫返回的代码

小猫发出"喵"的叫声后立即转身跑回原处。首先，设置返回方向，根据小猫在"梦境1-小猫飞向宇宙"中添加 `面向 45 方向` 积木，需在"梦境2-小猫来到大海"代码中增加 `面向 90 方向` 积木，并修改参数，设置返回角度为"-135°"，积木为 `面向 -135 方向`，添加 `将旋转方式设为 左右翻转` 积木，设置小猫返回的移动方式。然后添加 `移动 10 步` 积木，修改移动参数，如将参数调整为120，并使用 `面向 90 方向` 积木恢复小猫的初始方向。将以上积木组合拼接在 `播放声音 Meow2 等待播完` 积木下方，修改后小猫在海中游动的代码如图16-13所示。

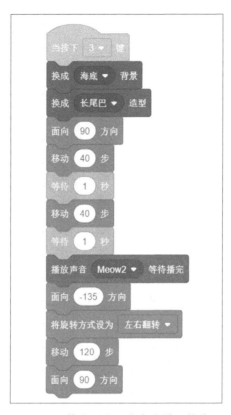

图16-13 修改后小猫在海中游动的代码

试一试 如何能让石头图片出现在舞台区最前面来遮挡鲨鱼?

 16.2 课程回顾

课程目标	掌握情况
1. 能够根据故事情境进行整体设计与分析,并掌握整体分析的常用方法	☆ ☆ ☆ ☆ ☆
2. 进一步了解程序流程图的重要性,能够根据程序流程图编写代码	☆ ☆ ☆ ☆ ☆
3. 熟练掌握各分类的积木的使用方法与技巧,能根据需要选择合适的积木搭建程序	☆ ☆ ☆ ☆ ☆
4. 学会根据故事情境进行分步实施,学会代码间的协同调试	☆ ☆ ☆ ☆ ☆
5. 能够针对出现的问题进行分析,并寻找合理的方法加以解决	☆ ☆ ☆ ☆ ☆

16.3 练习巩固

1. 单选题

（1）在 Scratch 3 中，可以使用（ ）选项卡修改角色造型。

　　A. 角色　　　B. 外观　　　C. 造型　　　D. 扩展

（2）在绘图编辑器中，可以使用（ ）调整选定图形的前后位置。

　　A. 组合　　B. 拆散　　C. 往前放　　D. 往前放 往后放

2. 判断题

（1）在 Scratch 3 中，舞台区中的图片元素可以通过添加角色的方法来实现。（ ）

（2）位图和矢量图的区别是位图放大后不失真，而矢量图放大后会失真。（ ）

（3）在 Scratch 3 中，利用"绘图编辑器"对图形进行修改时，必须将图形转换为矢量图。（ ）

3. 编程题

编写"小狗流浪记"程序。

（1）准备工作

删除舞台上默认的小猫角色，在角色库添加名为"Dog2"的角色。

（2）功能实现

发挥你的想象力，以"小狗流浪记"为主题制作动画。创建多个场景，分别使用方向键"上""下"启动各个场景的代码。作品要求具有科学性、趣味性与互动性。